Extrait du Bulletin des Sciences naturelles. — Tome IV.

RAPPORTS NATURELS

ET PHYLOGÉNIE DES PRINCIPALES FAMILLES DE

COLÉOPTÈRES

PAR

Constant HOULBERT

Docteur ès sciences naturelles, Licencié ès sciences physiques.

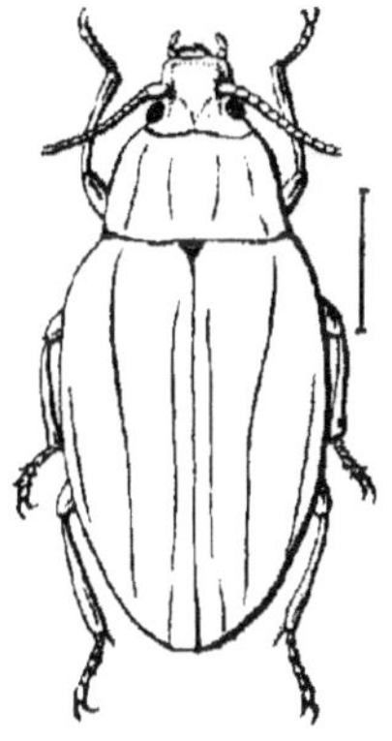

PARIS

MAISON ÉMILE DEYROLLE

LES FILS D'ÉMILE DEYROLLE, ÉDITEURS

46, RUE DU BAC, 46

1894

A

M. Alfred GIARD

Professeur d'Évolution des êtres organisés, à la Sorbonne.

Hommage de respectueuse reconnaissance.

RAPPORTS NATURELS ET PHYLOGÉNIE

DES

PRINCIPALES FAMILLES DE COLÉOPTÈRES

INTRODUCTION

L'ordre des Coléoptères est le plus riche de la classe importante des Insectes ; c'est en même temps l'un des plus homogènes et des mieux circonscrits.

Je me propose de rechercher ici les rapports naturels qui existent entre les différentes familles de ce groupe ; j'exposerai en même temps, d'après les auteurs les plus autorisés et d'après mes vues personnelles, un certain nombre de faits qui permettent de rattacher cet ordre remarquable à des types plus simples que l'on considère, à juste titre, comme étroitement alliés eux-mêmes aux formes ancestrales primitives, communes à tous les Hexapodes.

D'une manière générale, le but de toute classification est d'exprimer ces rapports de parenté dans leur ensemble ; par conséquent, avant d'aborder le sujet avec toute l'étendue et la précision que permettent de lui donner nos connaissances entomologiques, je vais brièvement passer en revue les principaux systèmes qui ont eu en vue la distribution méthodique de ces Insectes. De systématiques et purement artificielles qu'elles furent tout d'abord, nous allons voir les anciennes classifications se modifier petit à petit, devenir de plus en plus naturelles et acquérir, en un mot, les tendances philosophiques de l'époque actuelle.

Toutefois je ne saurais prétendre donner à ce sujet tous les développements qu'il comporte ; il faudrait pour cela deux choses qui me font également défaut, des connaissances très vastes et beaucoup de temps. Le nombre des travaux auxquels les Coléoptères ont donné lieu est si grand que la vie d'un auteur ne suffirait pas à les analyser tous, s'y appliquât-il de tous ses efforts. Ce qui suit ne sera guère qu'un plan, un essai, où je m'efforcerai d'appeler l'attention sur les points les plus saillants de cette intéressante question.

C'est Linné qui a créé le nom de *Coléoptères* pour désigner les Insectes chez lesquels les ailes supérieures sont transformées en élytres protégeant les ailes inférieures, mais il comprenait sous cette dénomination un certain nombre d'espèces que Fabricius sépara plus tard sous le nom d'*Ulonathes*[1], et pour lesquelles Olivier proposa en 1796 le nom d'*Orthoptères*, qui est définitivement resté.

Plusieurs ordres de caractères ont servi de base à la classification des Coléoptères ; il faut mettre en première ligne le nombre des articles aux tarses, employé pour la première fois par Geoffroy[2] et érigé définitivement en un ingénieux système par Latreille vers 1820[3].

Latreille partage en trois classes les animaux pourvus de

---

1. Les Coléoptères étaient désignés sous le nom d'*Eleuthérates*.

2. Geoffroy. — *Histoire abrégée des Insectes des environs de Paris*, 1762. — La judicieuse observation de Geoffroy n'entra en réalité dans le domaine scientifique que douze ans plus tard, quand furent publiés les tomes IV et V des intéressants « *Mémoires* » du baron de Geer.

3. Latreille ayant successivement perfectionné ses ouvrages, j'ai ici en vue son dernier travail, inséré à l'article *Entomologie*, dans le Dictionnaire de Déterville.

pieds articulés; ce sont les *Crustacés*, les *Arachnides* et les Insectes.

La classe des Insectes forme 12 ordres dont voici les noms : myriapodes, thysanoures, parasites, suceurs, **Coléoptères**, hémiptères, névroptères, hyménoptères, lépidoptères, rhipiptères, diptères.

Les Coléoptères sont répartis en quatre sections, d'après le nombre des articles aux tarses :

> I. **Pentamères.** — 6 familles. — *Carnassiers, Brachélytres, Serricornes, Clavicornes, Palpicornes, Lamellicornes,* qui se subdivisent chacune en tribus et en sections [1].
> II. **Hétéromères.** — 4 familles. — *Mélasomes, Taxicornes, Sténélytres* et *Trachélides.*
> III. **Tétramères.** — 6 familles. — *Rhincophores, Xylophages, Platysomes, Longicornes, Eupodes, Cycliques, Clavipalpes.*
> IV. **Trimères.** — 2 familles. — *Aphidiphages, Fongicoles.*

Conformément au système tarsal, Latreille avait ensuite placé à la fin de l'ordre des Coléoptères deux autres sections artificielles qui ont été supprimées depuis : c'étaient les **Dimères**, qui passaient pour n'avoir que deux articles aux tarses, et les **Monomères**, qui n'en avaient qu'un. Il a été reconnu plus tard, par Illiger, par Reichenbach et par Latreille lui-même, que les tarses des premiers possédaient en réalité trois articles, et on les a rapprochés des Staphylinides, sous le nom de *Psélaphiens.* La seconde section n'ayant été établie que sur un seul insecte, le *Clambus armidillus*, dont les tarses ont quatre articles, a été rapportée à sa véritable place, entre les Anisotomides et les Trichoptérygiens.

---

1. Ainsi les Lamellicornes formaient deux tribus : les *Scarabéides* et les *Lucanides*, et six sections naturelles que l'auteur nommait les coprophages, les géotrupiens, les xylophiles, les phyllophages, les anthobies et les mélitophiles.

Tel était le système tarsal dans son intégrité primitive ; les auteurs qui l'ont suivi après Latreille n'en ont point modifié l'économie fondamentale, ils se sont bornés à des déplacements d'espèces et au perfectionnement des grandes coupes.

On peut cependant faire de graves objections au système tarsal, mais ce n'est pas le lieu d'exposer ici les critiques dont il a été l'objet : bornons-nous à dire que sa généralité n'est qu'apparente et que très souvent il oblige à séparer des groupes qui sont véritablement très voisins.

L'une des premières modifications apportées à la méthode de Latreille est celle de Gyllenhal, dans son remarquable ouvrage sur les Coléoptères de la Suède[1]; l'ordre adopté est le suivant :

Sectio 1. — **Pentamera.** — *Scarabæides, Lucanoides, Histeroides, Sphæridiota, Amphibii, Dermestidæ, Nitidulariæ, Palpatores, Pliniores, Cunjipes, Clerii, Malacodermi, Sternoxi, Hydrocanthari, Cicindelatæ, Carabici, Staphylinii.*

Sectio 2. — **Heteromera.** — *Melooides, Pyrochroides, Helopii, Diaperiales, Tenebrionites, Mordellonæ, Cisteliniæ.*

Sectio 3. — **Tetramera.** — *Bruchelæ, Curculionides, Xylophagi, Erotylenæ, Chrysomelinæ, Cerambycini.*

Sectio 4. — **Trimeri.** — Indivisa, continens : *Lathridius, Coccinella, Coccidula.*

Sectio 5. — **Dimeri.** — Indivisa, continens: *Pselaphus, Claviger.*

Comme on le voit, la classification de Gyllenhal ne diffère essentiellement de celle de Latreille que par la place accordée aux Scarabéides et par la suppression des Monomères.

Quoi qu'il en soit de ces modifications, apportées du vivant même de Latreille à sa méthode, presque tous les

1. L. Gyllenhal. — *Insecta suecica Coleoptera.* 4 vol. Lipsiæ, 1808-27.

auteurs de cette époque adoptèrent le système tarsal ; il faut arriver jusqu'à Erichson : *Die Käfer der Mark Brandenburg*, 1838-39, pour trouver une disposition des

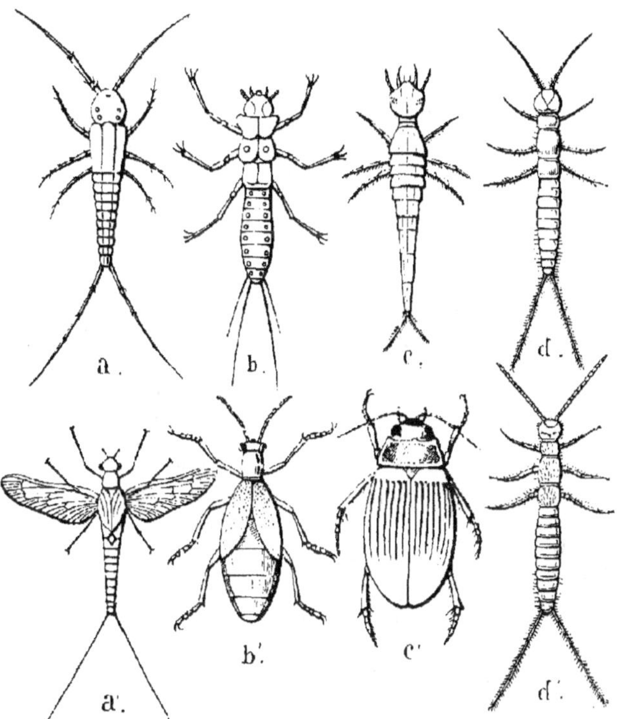

Fig. 1. — *Chloëon :* a, sa larve; a', insecte parfait. — *Méloé :* b, sa larve; b', insecte parfait. — *Dytique :* c, sa larve; c'. insecte parfait. — *Campodé :* d, sa larve; d', insecte parfait.

Coléoptères basée sur d'autres caractères, et encore faut-il remarquer que la différence porte surtout sur le morcellement des grandes familles, dont les rapports sont à peu près conservés.

Erichson prit pour base de sa classification la structure

et l'agencement des pièces thoraciques, le nombre des segments de l'abdomen visibles en dessous, la situation des stigmates et enfin la forme et l'insertion des hanches antérieures[1]. Sa méthode, qu'il n'a pas eu le temps d'exposer en entier, a été complétée par Redtenbacher[2] avec un certain nombre de modifications, dont la plus importante est la place que ce dernier assigne, à l'exemple de Stephens[3], aux Hétéromères, à la fin de la série, immédiatement avant les Staphylinides, qui la terminent complètement.

Voici l'ordre des familles dans la *Faune des Coléoptères d'Autriche* :

1 Cicindelæ.	19 Georyssi.	37 Clypeastres.
2 Carabi.	20 Byrrhi.	38 Coccinellæ.
3 Dytisci.	21 Throsci.	39 Lycoperdinæ.
4 Gyrini.	22 Histri.	40 Tenebriones.
5 Hydrophili.	23 Scarabæi.	41 Opatri.
6 Sphærii.	24 Bupresti.	42 Blapes.
7 Parni.	25 Elateres.	43 Helopes.
8 Elmides.	26 Cyphones.	44 Cistelæ.
9 Silphæ.	27 Telephori.	45 Serropalpi.
10 Scaphidi.	28 Malachii.	46 Mordellæ.
11 Anisotomæ.	29 Cleri.	47 Cantharides.
12 Nitidulæ.	30 Ptini.	48 Lagriæ.
13 Colidii.	31 Anobii.	49 Pyrochroæ.
14 Cucuji.	32 Bostrichi.	50 Anthici.
15 Cryptophagi.	33 Hylesini.	51 Scydmeni.
16 Lathridii.	34 Curculiones.	52 Pselaphi.
17 Mycetophagi.	35 Cerambyces.	53 Clavigeri.
18 Dermestæ.	36 Chrysomelæ.	54 Staphylini.

Antérieurement aux travaux de Redtenbacher, Mot-

---

1. Erichson tient aussi compte de la forme des larves, mais le résultat de ses observations semble avoir eu peu d'influence sur ses idées systématiques.

2. Redtenbacher. — *Fauna austriæ : Die Käfer*. in-8°. Wien, 1849.

3. Stephens. — *Manual of British Coleoptera*. London, 1839.

schulsky [1], avait établi un système particulier, basé sur le mode de nourriture des Coléoptères; voici la classification de cet auteur que les naturalistes américains ont récemment remise en honneur en la simplifiant.

M. Motschulsky partage les Coléoptères en 8 ordres subdivisés en 32 familles :

1° **Entomophaga**. — *Cicindelina, Carabica, Hydrocanthara, Sternoxa, Teredila, Malacodermata, Brachelytra.*
2° **Rhypophaga**. — *Crassicornia, Brevicornia, Tenuicornia, Clavicornia, Globicornia, Lamellicornia, Fracticornia.*
3° **Melasomata**. — *Pimelina, Blapsina, Opatrina.*
4° **Ylyxenida**. — *Mycophaga, Tenebrionida, Cursoria.*
5° **Anthophila**. — *Helopida, Trachelida, Vesicatoria, Stenelytra.*
6° **Xylophaga**. — *Longicornia, Platysomata, Lepophaga, Bostrichida.*
7° **Ernophaga**. — *Curculionida, Brachycephala.*
8° **Chylophaga**. — *Aphidiphaga, Phylophaga.*

« S'il y a lieu d'hésiter », comme le dit très justement Lacordaire « sur la valeur des changements apportés à la « classification des Coléoptères depuis Latreille, en « revanche il n'en est plus de même en ce qui regarde « l'emploi des caractères qui lui étaient restés inconnus, « ou dont il n'avait pas apprécié toute l'importance [2]; » d'ailleurs, dans la plupart des cas, ces caractères n'ont été appliqués qu'à des familles ou à des groupes isolés; telle est, par exemple, la présence d'une suture entre l'anneau dorsal et les flancs du prothorax, utilisée par Spinola pour l'arrangement des Prioniens [3]; la forme des épimères mésothoraciques, sur laquelle M. le Dr J. Le Conte, de Philadelphie, a édifié une nouvelle classification des Cara-

---

1. V. Motschulsky. — *Die coleopterologischen Verhältnissen und die Käfer Russland*. Moscou, 1846.

2. Lacordaire. — *Genera des Coléoptères*, in-8°. Paris, 1854-1876.

3. Spinola. — *Dei Prioniti e dei Coleotteri ad essi più affini*. — Mém. de l'Acad. de Turin, 1842. Vol. V.

biques[1], enfin la méthode du même auteur sur la famille des Longicornes, basée sur la forme des hanches et des cavités cotyloïdes[2].

D'une manière générale, on peut dire qu'il n'existe aucun ouvrage sur l'ensemble des Coléoptères, à part le *Genera* de Lacordaire et la magnifique faune d'Europe de MM. Jacquelin du Val et Fairmaire[3]; je citerai donc seulement pour mémoire le *Species* de Dejean et la *Monographie* de M. Aubé sur les Hydrocanthares[4]; celles de Fauvel[5] et d'Erichson[6] pour les Staphylinides; l'essai monographique de M. de Marseul sur la famille des Histérides[7]; l'immense travail de Schœnherr sur les Curculionides[8]; enfin l'œuvre considérable de Mulsant[9]. Je dois encore à l'obligeance de M. Giard la connaissance de plusieurs travaux très récents, tels que ceux de Verhœff, où l'armure génitale des mâles est employée avec avantage dans la classification[10].

1. J. Le Conte. — *Notes on the classification of the Carabidæ of the United-States.* — Trans. of the Amer. Phil. Soc. X, p. 365.

2. J. Le Conte. — *On attempt to classify the Longicorn Coleoptera of the part of America North of Mexico.* Journal of the Academia of Philad. Vol. I et II.

3. Jacquelin du Val et Fairmaire. — *Genera des Coléoptères d'Europe.* Paris. 1857-1868.

4. Aubé. — *Species général des Hydrocanthares et Gyriniens.* Paris, 1838.

5. Fauvel. — *Faune Gallo-Rhénane, Staphylinides.* Caen, 1868-75.

6. Erichson. — *Genera et species Staphylinorum*, Berolini. 1804.

7. De Marseul. — *Essai monographique sur la famille des Histérides.* — Ann. de la Soc. entomol. de France. Vol. I à vol. V. 1833 37.

8. Schœnherr. — *Curculionum dispositio methodica*, 1826, et *Genera et species curculionidum*, 1833.

9. Mulsant. — *Histoire naturelle des Coléoptères de France.* Paris, 1839-1879.

10. C. Verhœff. — *Vergleichende Untersuchungen über die Abdominal-Segment und die Copulationsorgane der männlichen Coleoptera, ein Beiträge zur Kenntniss der natürlichen Verwandtschaft derselben*, 4 pl. — (Deutsche entomologische Zeitschrift, 1893, I.)

— *Kurze Bemerkung über die Bedeutung der Genitalanlage in der Phylogénie* (Entomol. Nachrichten. XIV, 15-19, 1893).

Pour qu'elle soit complète au point de vue systématique, je ne dois pas non plus oublier dans cette énumération les Catalogues de de Marseul, de Schaum, de Gemminger et Harold.

J'ajouterai que la disposition des nervures dans les ailes inférieures a été utilisée dès 1841 par M. Burmeister dans son mémoire sur les *Paussides*, et que les progrès de la paléontologie ont conduit M. Heer à entreprendre un travail capital sur ce sujet [1].

Enfin, je ne terminerai pas ce court exposé, sans signaler encore les intéressants travaux de M. J. Le Conte sur les Coléoptères de l'Amérique du Nord, où se trouve décrit pour la première fois le remarquable insecte qui établit le passage des Carabiques aux Dytiscides [2] ; sa classification des Coléoptères en collaboration avec M. le Dr Horn [3], puis enfin le curieux ouvrage de Crotsch [4] et la Faune analytique des Coléoptères de France de M. Fauconnet [5], qui apporte, comme le précédent, de notables changements à la nomenclature coléoptérique.

Quels que soient leurs mérites respectifs, la plupart de ces classifications sont artificielles. Si elles paraissent, dans un grand nombre de cas, respecter les rapports qui existent entre les familles, très souvent aussi elles rompent ces affinités et obligent à éloigner des groupes qui sont en réalité très voisins. Je ne veux pas dire cependant qu'on

1. Heer. — *Die Insectenfauna der Tertiärgebilde von Œningen und von Rabodoj in Croatien*. Bd. 1. *Die Käfer*. Zurich, 1817-1853.

2. J. Le Conte. — *Proceedings of the Acad. of Philad.*, 1883.

3. S. Le Conte et G. Horn. — *Classification of the Coleoptera of North America*. — Smithsonian Inst., Washington, 1883.

4. G. R. Crotsch. — *Check list of the Coleoptera of North America*.

5. Fauconnet. — *Faune analytique des Coléoptères de France*. Autun. 1892.

doive rejeter complètement les caractères empruntés à la forme extérieure du corps, puisque, dans bien des cas, on n'en possède pas d'autres pour ranger dans un ordre rationnel les espèces de certaines sections, mais ces caractères ne devront venir qu'au second rang, et, autant que possible, on ne devra les utiliser que lorsqu'on sera parvenu à établir des groupements plus généraux et véritablement naturels.

Les considérations qui paraissent le plus sûrement conduire à ce résultat sont celles qui sont tirées de l'étude des larves; c'est pourquoi je vais m'y attacher tout particulièrement.

CHAPITRE PREMIER

Importance de l'étude des Larves.

Eu égard à la nature de leurs métamorphoses, Westwood[1] a divisé les Insectes en deux grandes catégories, les Homomorphes, chez lesquels la larve ne diffère de l'adulte que par l'absence d'ailes, et les Hétéromorphes, chez lesquels il n'y a pas de ressemblance entre la larve et l'insecte parfait.

Les Coléoptères appartiennent donc à ce dernier groupe, c'est-à-dire qu'ils subissent des métamorphoses complètes. Leurs larves sont hexapodes ou apodes; elles possèdent une tête distincte, munie d'un appareil broyeur plus ou moins perfectionné.

Je n'ai pas à relater ici les avantages de la méthode embryologique au point de vue systématique; basée sur le principe même de l'évolution, dont la réalité n'est plus aujourd'hui contestée, tous les naturalistes admettent, avec Darwin[2], que « l'état embryonnaire de chaque espèce reproduit plus ou moins complètement la forme et la structure de ses ancêtres les moins avancés », et si j'ai bien compris la pensée de Spencer, les transformations que l'on voit s'effectuer, en un temps relativement court, pour une espèce donnée, résument pour ainsi dire, et presque toujours avec fidélité, les étapes par lesquelles cette espèce a passé dans le cours de son développement paléontologique : « Qu'on suppose », ajoute encore l'habile philo-

---

1. Westwood. — *An Introduction to the Modern Classification of Insects.* — London, 1839-40.
2. Darwin. — *Origine des espèces*, p. 532.

« sophe anglais, « ces modifications s'effectuant en un temps
« extrèmement grand et suivant des voies diverses, on se
« fera une idée passablement claire de l'évolution orga-
« nique en général[1]. »

En réalité, la difficulté n'est pas de reconnaître ces
diverses étapes dans les cas, suffisamment nombreux, où
elles sont claires et bien marquées ; l'incertitude n'existe,
comme le fait remarquer Lubbock, que lorsque les premières périodes sont rapidement traversées ou confusément
indiquées, en d'autres termes lorsqu'elles ne sont qu'une
récapitulation « brève et rapide » du développement de
l'espèce, conformément aux lois de l'hérédité et de l'adaptation.

Dans tous les cas, et quelle que soit la signification que
chacun accorde à ces transformations, personne ne peut
contester qu'il n'y ait un grand avantage à prendre les
animaux à l'origine même de leur développement libre,
avant que les agents extérieurs, la fixation, la vie aquatique
ou parasitaire n'aient modifié leur forme primitive. Sous
ce rapport, en ce qui concerne les Insectes, nous pouvons
déjà faire de curieuses remarques.

Je reproduis ici, d'après Lubbock, les larves d'une Éphé-
mère, d'un Méloé, d'un Dytique, d'un Stylops et d'un Campodé (Fig. 1), qui appartiennent, comme on le sait, aux
groupes les plus divers des Insectes. Il est facile de voir
que toutes ces larves ont un faciès commun, et qu'elles se
rapprochent toutes plus ou moins de la forme du Campodé.
Si la ressemblance est frappante entre les larves, par
contre les différences qui existent entre les adultes sont

1. Herbert Spencer. — *Principles of Biology*. Tome VI, p. 359.

considérables; c'est pourquoi, tant qu'on s'est borné à
l'étude des formes parfaites, on a été conduit à envisager
ces types comme appartenant à des familles différentes,
absolument indépendantes, et n'ayant entre elles que de
très vagues relations de parenté; l'étude comparée des
larves amène au contraire à reconnaître immédiatement
une parenté très générale, non définie il est vrai, non
démontrée, mais extrêmement probable.

Un autre groupe de larves donnerait lieu aux mêmes
remarques et conduirait aux mêmes conclusions. Bien que,
dans leur forme générale, ces larves s'éloignent sensible-
ment des premières, elles conservent entre elles un certain
nombre de caractères communs appréciables au premier
coup d'œil. A titre d'exemple, je reproduis ici les larves et
les formes adultes d'un Hanneton, d'une Piéride, d'une
Mouche et d'une Guêpe (Fig. 2).

Partant de ces principes, on donne le nom de *campodéiformes* à toutes les larves qui rappellent tant soit peu le
premier type, et le nom d'*éruciformes* (de *eruca*, chenille) à
celles qui se rapportent au second; les principaux groupes
d'Insectes peuvent se rattacher à l'un ou l'autre de ces deux
types; mais il existe plusieurs familles remarquables de
Coléoptères qui possèdent, suivant les phases de leur développement, des larves successivement *campodéiformes* et
éruciformes; le meilleur exemple peut en être pris parmi
les Hétéromères du groupe des Vésicants.

Toutefois cette singularité est plus qu'un accident spéci-
fique, et elle acquiert une portée théorique considérable
quand on lui restitue sa véritable signification biologique.

Je sais que la présence de la forme larvaire, dite *éruciforme*, chez les Insectes, avait tout d'abord induit en erreur

bien des naturalistes, qui avaient cru voir, dans ce type
embryonnaire, la répétition ontogénique de la forme anné-

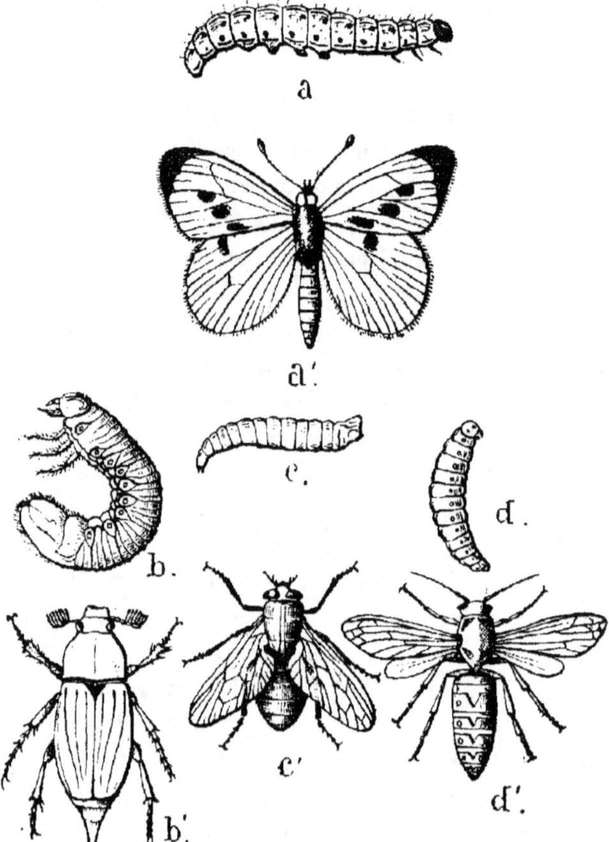

FIG. 2. — *Piéride du chou*; a, sa larve; a', insecte parfait. — *Hanneton*; b, sa
larve; b', insecte parfait. — *Mouche*; c, sa larve; c', insecte parfait. — *Guêpe*;
d, sa larve; d', insecte parfait.

lide; mais, comme le dit très justement M. Giard, « une
« connaissance plus approfondie du groupe montra bientôt

« que la larve *campodéiforme* est en réalité le type normal,
« et que la larve *éruciforme* n'est qu'une modification due
« au parasitisme ».

Et où trouve-t-on, en effet, cette dernière, ajoute le
savant professeur de la Sorbonne ?

1° Chez les Coléoptères phytophages, qui vivent au milieu
même des matières qu'ils consomment et qui se déplacent
peu.

2° Chez les Hyménoptères, dont les larves se nourrissent
de matériaux accumulés par la mère ou vivent en parasites
sur les végétaux.

3° Chez les Lépidoptères, dont les larves sont également
parasites des plantes.

Au contraire, le type *Campodea* s'est maintenu partout où
il y a existence libre : chez les Orthoptères, les Névroptères,
les Pseudo-Névroptères et les Coléoptères à larves carnassières ; on cite même quelques chenilles aquatiques, telles
que les *Dicranura* et les *Harpya* — bien que le fait soit très
rare parmi les Lépidoptères — qui, ayant à se défendre
contre les attaques de nombreuses entomobies reprennent
la forme Campodea[1].

En second lieu, il est démontré par un grand nombre
d'observations que la forme des larves des Insectes dépend,
en première ligne, du groupe auquel elles appartiennent,
et nous sommes forcés d'admettre que les groupes les
moins différenciés sont ceux chez lesquels l'insecte parfait
diffère le moins de sa larve ; à ce titre, suivant la juste
remarque de Brauer, les Staphylins nous apparaissent
comme l'un de ces groupes primordiaux, dont l'ancienneté

---

1. A. Giard. — *Les faux principes biologiques et leurs conséquences en
taxinomie.* — Revue scientifique, n° 38. p. 280. — 1876.

sera, je l'espère, clairement établie dans la suite de ces recherches[1].

Et de fait, si l'on pousse ce principe à l'extrême, on sera porté à penser que l'insecte le plus voisin de l'archétype des Hexapodes serait celui qui ne subirait aucune métamorphose et qui conserverait toute sa vie la forme qu'il possède à la sortie de l'œuf. Or ce type remarquable existe, et nous le connaissons déjà c'est le curieux *Campodea* (Fig. 3), genre de Thysanoures, habitant la vase humide et dont on n'a encore observé que deux ou trois espèces.

Sans aucun doute, les Campodés sont de tous les Insectes ceux qu'on doit considérer comme se rapprochant le plus de la forme ancestrale des Coléoptères; ils sont privés d'ailes et ne subissent aucune métamorphose, mais ils se meuvent avec une grande agilité pour aller à la recherche de leur nourriture; c'est pourquoi on les a rangés souvent à côté des Orthoptères, qui subissent comme eux les métamorphoses les plus simples que l'on connaisse.

Il me paraît utile de décrire avec quelques détails le type instructif des Campodés, parce que nous trouverons parmi les Coléoptères un certain nombre de larves qui s'en rapprochent incontestablement; nous serons alors en droit de considérer les espèces auxquelles ces larves appartiennent comme les formes souches, ou du moins comme celles qui s'en rapprochent le plus.

Chez le *Campodea staphylinus* (Fig. 3, **a.**), le corps est allongé; l'abdomen, formé de dix anneaux, est terminé par deux longs filaments; les antennes sont longues et multi-articulées. Les pièces buccales, quoique peu développées,

1. Voir page 36.

sont disposées d'une façon particulière et modifiées pour mâcher ; les mandibules sont fortement dentées ; les mâchoires sont formées de deux lobes et portent des palpes. La lèvre inférieure montre une languette médiane, des paraglosses et des palpes maxillaires très courts ; les

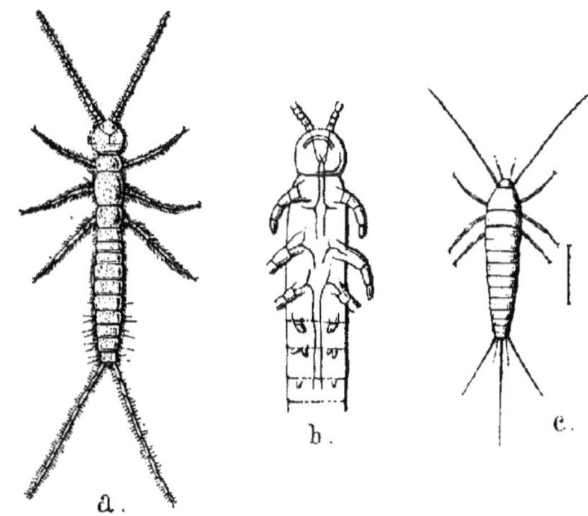

Fig. 3. — a. *Campodea staphylinus* (d'après Lubbock). — b. Partie antérieure du *Campodea fragilis* (d'après Palmen) pour montrer les pattes abdominales. — c, *Lepisma saccharina* (d'après Claus).

anneaux abdominaux présentent des membres rudimentaires et les pattes thoraciques sont armées de deux griffes; par la forme aplatie de leurs anneaux thoraciques, ces animaux ressemblent aux larves des Chilopodes.

Dans ce même groupe des Thysanoures, on trouve encore d'autre insectes qui présentent une organisation voisine et très simple : ce sont les *Lépismes* que tout le monde connaît (**Fig. 3, c.**).

Munis de ces observations, nous pouvons maintenant aborder avec fruit l'étude de la descendance chez les Co-

léoptères, et cette étude comprendra deux points principaux : 1° description des larves dans chaque famille et
recherche des affinités ; 2° origine probable du groupe des
Coléoptères.

CHAPITRE II

Description des larves.

§ 1. — LARVES CAMPODÉIFORMES.

Strepsiptères. — Vésicants et groupes voisins.

§ 1

Si nous cherchons parmi les Coléoptères quels sont ceux
qui possèdent des larves rappelant plus ou moins la forme
des Campodés, nous trouverons, en premier lieu, le petit
groupe des Strepsiptères (*Stylopides*), dont les espèces,
peu nombreuses, vivent en parasites sur les Abeilles et sur
les Guêpes.

La larve est petite, pourvue de six pattes et très active ;
son corps, composé de 13 segments, se termine par deux
longues soies caudales qui rappellent l'appareil saltatoire
des Podurelles (Fig. 4, **a**).

Je sais que la nature coléoptérique de ces Insectes a été
contestée ; Rossi, qui les a découverts, les regardait comme
des Hyménoptères ; Lamarck les plaçait parmi les Diptères ;
Burmeister[1] est le premier qui, vers 1837, les considéra
comme des Coléoptères. Nous verrons, en effet, que les

---

1. Burmeister. — *Handbuch der Naturg.*, p. 643.

Stylopides confinent de très près à tous ces ordres et que leur organisation est celle d'un type mixte, incomplètement évolué.

D'après M. le D' Schaum, les larves des Strepsiptères ressemblent à celles des Méloides, et les organes buccaux des

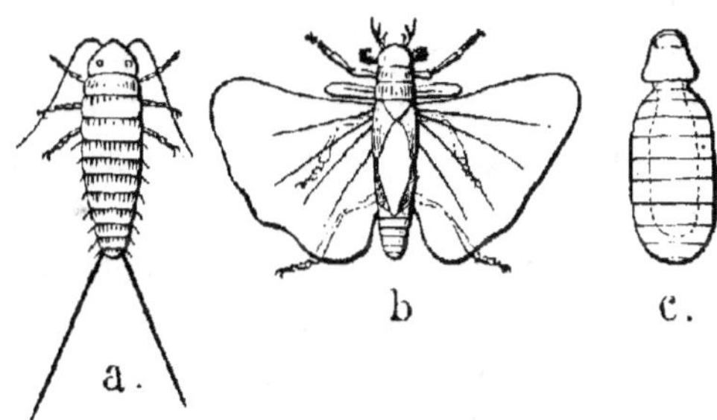

Fig. 4. — a. Larve du *Stylops Childreni*. — b. *Stylops Childreni*, adulte ♂. — c, le même, ♀ (d'après Kirby).

adultes appartiennent au type des insectes broyeurs; en outre, leurs élytres sont rudimentaires et la structure de leurs ailes inférieures est analogue à celle de certains Rhipiphorides.

Les femelles conservent toute leur vie la forme larvaire ; elles n'abandonnent jamais l'abdomen des Guêpes, dans lequel elles vivent en parasites et d'où elles ne laissent sortir que la partie céphalique de leur corps; les mâles subissent des métamorphoses complètes, mais leur vie est très courte et ils meurent aussitôt après l'accouplement (Fig. 4, **b** et **c**)[1].

Les métamorphoses des Strepsiptères sont semblables à celles des Méloides. Or dans ce groupe, l'histoire évolutive

1. Voir la très intéressante Note publiée récemment par M. l'abbé J. Dominique dans le *Bulletin de la Société des sciences naturelles de l'Ouest* à propos d'une Andrène quadristylopisée.

du *Sitaris humeralis* étant complète et connue jusque dans ses moindres détails, c'est elle qu'il convient de prendre pour point de départ. Je ne décrirai pas toutefois les nombreux cas particuliers qui peuvent se présenter selon les différentes espèces; je me bornerai à indiquer les principales phases du développement, en renvoyant le lecteur qui désirerait des éclaircissements plus complets sur ce sujet aux ouvrages de Kirby[1], de Siebold[2], de Newport[3], et enfin à l'intéressant Mémoire de M. Fabre sur l'Hypermétamorphose[4].

Je dirai d'une manière générale que tous les phénomènes du développement, postérieurs à la fécondation des œufs, rentrent dans un même mode d'évolution, et que, bien qu'on n'ait pas suivi le développement de toutes les espèces, il semble que le parasitisme soit la règle pour toutes les larves de Vésicants.

Pondu au commencement de l'automne, à l'entrée des trous creusés par l'*Antophora pilipes*, l'œuf du *Sitaris* éclôt bientôt; il en sort une larve allongée, très petite (*larve primitive*, Fig. 5, **a**), qui reste dans cet état jusque vers le mois d'avril suivant sans prendre aucune espèce de nourriture.

A cette époque a lieu la sortie des Antophores mâles, qui précède celle des femelles. A mesure que les Antophores mâles sortent de l'étroite retraite où ils sont nés, dit Lacordaire, une ou plusieurs larves de Sitaris grimpe

1. Kirby. — *Strepsiptera, a new order of Insects.* Transact. of Linnean Society. Vol. X.

2. De Siebold. — *Ueber Pädogenesis der Strepsipteren.* Zeitschr. für wiss. Zool. Vol. XX, 1870.

3. Newport. — *On the natural history and developpement of Meloe.* Trans. Lin. Soc. Vol. XX et XXI.

4. Fabre. — *Mémoire sur l'Hypermétamorphose et les Mœurs des Méloïdes.* — Ann. de sc. nat., 4e série. Tomes VII et IX.

sur eux et s'attache fortement aux poils de leur thorax. Des mâles, ces larves — qui continuent à observer le jeûne le plus complet — passent sur les femelles au moment de l'accouplement. Quand ces dernières, après avoir construit une cellule et l'avoir approvisionnée de miel, y déposent un œuf, une de ces larves se glisse sur cet œuf qu'elle saisit avec force pour ne pas choir dans le miel où elle périrait infailliblement, déchire son enveloppe et en dévore le contenu. Ce repas achevé, la larve est parvenue à toute sa croissance, mais son existence campodéiforme est terminée; sa peau se fend sur le dos et la seconde larve apparait (Fig. 5, **c**).

Celle-ci se laisse tomber dans le miel, qui maintenant doit lui servir de nourriture, et croit lentement. Dans cet état, c'est un ver mou, blanc, de forme elliptique, et dont le corps est du reste composé comme auparavant, de 13 segments. Ses organes buccaux sont au complet, mais rudimentaires, ainsi que les pattes qui ne peuvent plus lui être d'aucune utilité, elle traverse ainsi une phase éruciforme (*scarabeidoid stage*).

Quand le miel, dont l'Antophore avait fait provision est consommé, cette larve obèse passe à l'état de *pseudo-chrysalide* immobile (Fig. 5, **d**), qui, sous son enveloppe cornée, rappelle la nymphe des Diptères, puis, au printemps suivant, à celui de *troisième larve* (Fig. 5, **e**), sous lequel elle est complètement semblable à la seconde. Sous cette dernière forme larvaire, l'animal ne prend, non plus, aucune nourriture; ses mouvements sont très lents et se bornent à de simples contractions du corps redevenu mou; puis enfin, sans qu'il n'y ait rien de remarquable à signaler, il se change en une nymphe absolument semblable à celle de tous les Coléoptères, et d'où le jeune *Sitaris* sort au bout d'un mois, en août généralement.

Le développement des *Méloé*, comme je l'ai dit précédemment, est en tout semblable à celui du *Sitaris*, sauf qu'à la phase de seconde larve (*scarabeidoid stage*) (Fig. 5, **f**),

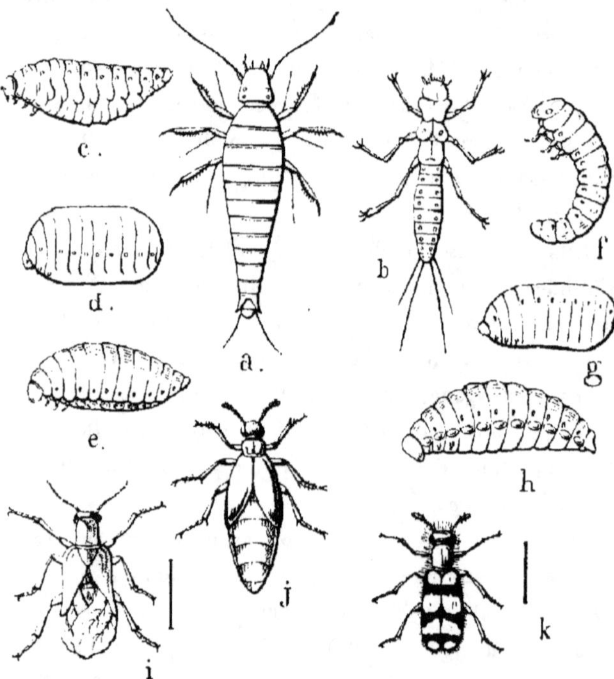

Fig. 5. — **a**. Larve primitive du *Sitaris humeralis*. — **c**. le même, *seconde larve*. **d**, le même, *pseudo-chrysalide*. — **e**, le même, *troisième larve*. — **b**. Larve primitive d'un *Méloe*. — **f**. *Meloe cicatricosus*, seconde larve. — **g**. Pseudo-chrysalide d'un *Méloïde*. — **h**. Troisième larve (?) du *Meloe cicatricosus* (d'après Fabre). — **i**. *Sitaris rufipennis*, adulte. — **j**. *Meloe erythrocnemus*, adulte. — **k**. *Mylabris Fuesslini*, adulte (d'après Fairmaire.)

leur ressemblance avec les Lamellicornes est encore plus accentuée ; il en est de même chez les *Mylabres*, les *Cantharides*, les *Zonitis*, les *Cérocomes* et les *Epicauta*, dont les larves vivent également en parasites dans les nids d'Hyménoptères ou dans les coques ovigères des Locustides et des Acridiens.

Léon Dufour trouva un jour, cramponnés aux poils du thorax d'une Abeille solitaire, de petits êtres pédiculiformes, de couleur jaune, qu'il considéra comme des parasites; il leur donna le nom de *Triungulins*, à cause des trois griffes qui terminent leurs tarses (Fig. 5, **b**), mais Newport, ayant constaté plus tard que ces petits animaux n'étaient autre chose que les jeunes larves des Méloés, on a donné, depuis cette époque, le nom de Triungulins à toutes les larves primitives des Vésicants.

La forme de ces Triungulins est fort variable et l'un des points les plus intéressants de leur histoire phylogénique réside dans ce fait que, si dans quelques espèces, ils présentent la forme typique des Campodés, dans d'autres, ils se relient étroitement à plusieurs groupes de Coléoptères; c'est ainsi, par exemple, que le Triungulin des Méloides se retrouve avec des caractères très voisins chez les Rhipiphorides, et bien que le développement de ces derniers se fasse d'une manière beaucoup plus simple que chez les Vésicants, ceux-ci se trouvent donc rattaché aux Mordellides de la façon la plus naturelle et, par suite, au reste des Ténébrionides. Au contraire, le Triungulin des *Epicauta*, décrit par M. Riley[1], rappelle très nettement la larve de certains Carabiques (*Galerita*).

Le groupe des Vésicants apparait donc comme le noyau primordial auquel seraient alliés, directement ou indirectement, toutes les autres familles de Coléoptères.

---

1. C. Riley. — *First Report of the United States Entomological Commission.* p. 297. Pl. IV.

On peut dès maintenant établir le tableau suivant pour indiquer sommairement les rapports des principales familles.

Strepsiptères.

Méloides. ←————————↓————————	Rhipiphorides.
Epicauta.	*Evaniocérides.*
Adéphages (Carnassiers de Latreille).	Mordellides.
Clavicornes.	Ténébrionides.
Brévipennes et Coccinellides.	OEdémérides.
Chrysomélides. ————————————→	Longicornes.
Elatérides.	Buprestides.
Mollipennes (Malacodermes).	—

§ 2.

Telle qu'elle nous est connue par les formes larvaires aux phases initiales de leur existence, et telle que nous venons de la présenter pour les premiers groupes, la parenté de ces diverses familles semble peu discutable ; malheureusement bien des larves sont encore inconnues, et nous sommes dans l'obligation de nous adresser à des faits d'un autre ordre pour établir le tableau généalogique complet des Coléoptères.

Tout d'abord, en ce qui concerne les Rhipiphorides, leur alliance avec les Mordellides n'est douteuse pour personne, surtout si l'on considère la tribu des Evaniocérides, mais il n'en est pas de même pour les quatre genres *Emenadia*, *Myodites*, *Rhipiphorus* et *Rhipidius* (Fig. 6, **a**, **b**, **c**). Chez ceux-ci, les élytres sont déhiscentes et s'abrègent au point de devenir de simples écailles ; les ailes inférieures couvrent le dos sans se replier, enfin, dans le genre *Rhipidius*, apparaissent à la fois, l'atrophie des organes buccaux et la dégradation des femelles, qui sont toute leur vie parasites des Blattes. Ne trouvons-nous pas là tous les caractères propres aux Stylopides? Ce que l'on connaît des larves est aussi en faveur de ce rapprochement, bien qu'on ne sache pas dans quelles circonstances a lieu l'accouplement, ni comment s'y prend, par exemple, la femelle du *Rhipiphorus paradoxus* (Fig. 6, **b**) pour déposer son œuf dans les nids de la Guêpe commune.

Tout ce qui précède nous autorise donc à considérer les Rhipiphorides vrais comme intermédiaires entre les Strep-

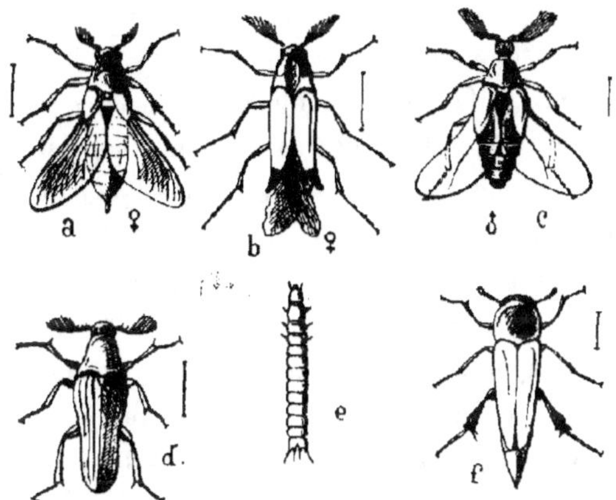

Fig. 6. — a. *Myndites subdiptera*, ♀. — b. *Rhipiphorus paradoxus*, ♀. — c. *Rhipidius pectinicorius*, ♂. — d. *Evaniosma Dufouri*, ♂. — d. *Stenalia testacea*. — e. Larve de l'*Anaspis maculata* Gooff. (Mordellides, d'après Fairm.).

siptères et les Evaniocérides (Fig. 6, **d**) : ceux-ci ne différant en rien d'essentiel des Mordellides, on voit que les affinités qui relient ces trois familles sont très claires et parfaitement admissibles [1].

---

[1]. Je me borne à indiquer les faits généraux sans entrer dans les détails de la structure, ce qui m'entraînerait bien au delà des limites assignées à ce travail. On trouvera tous les renseignements complémentaires dans les ouvrages de Lacordaire, — Jacquelin du Val et Fairmaire, — E. Perris, — Chapuis et Candèze, — Westwood, etc.

La famille des Mordellides est représentée par de nombreux Insectes répandus dans toutes les régions du globe;
plusieurs larves ont été observées, elles peuvent se rap-
porter à deux types. Celle de l'*Anaspis maculata* (Fig. 6, **e**)
est caractérisée par sa forme linéaire, par ses antennes
effilées, dont le dernier article est terminé par une longue
soie; le dernier segment abdominal porte deux crochets
divergents, recourbés vers le haut; les pattes sont très
courtes et la métamorphose a lieu selon le mode normal.

Nous trouverons ce type larvaire, avec des variations très
faibles, dans toutes les familles du groupe des Hétéromères,
de sorte qu'il suffira de mentionner les caractères particuliers, propres à chacune de ces familles. Aussi bien par
leurs larves que par les caractères morphologiques de
l'adulte, tous les Insectes de ce groupe immense accusent
entre eux la parenté la plus étroite et passent d'une espèce
à l'autre par les transitions les plus ménagées.

Le second type de larves se trouve plus spécialement chez
les *Lagriides* et chez quelques familles par enchaînement
telles que les *Pyrochroïdes*, les *Pythides* (exclus les Agna-
thides) et les *Mélandryides*.

Je ne me fais aucune illusion sur les difficultés que présente la classification des Hétéromères et je ne prétends
pas non plus indiquer ici l'enchaînement véritable et absolu
des espèces. En ce qui concerne les Tétratomides, notamment, on sait que ni Fabricius, ni Redtenbacher, ni
Mulsant ne sont d'accord sur la place qu'il convient de
leur attribuer et il en est de même encore pour d'autres
Mélandryides.

Au contraire, dans le groupe des Ténébrionides et des
Cistélides, où, comme le dit Lacordaire : « *l'instabilité de*

la forme générale et de tous les organes est portée à ses der-
nières limites », la structure des larves présente une « *uni-*
« *formité remarquable* et telle qu'on ne peut les distinguer
« génériquement que par la taille, la couleur, la ponc-
« tuation, l'absence ou la présence des stemmates et sur-
« tout la structure du dernier segment abdominal [1] ».

Quelle que soit la forme des Insectes parfaits, dit encore
le savant professeur de l'Université de Liège, ces larves
sont toutes allongées, subcylindriques ou un peu déprimées ; leur tête est munie d'un épistome distinct et leurs
organes buccaux sont au complet ; le nombre des ocelles
est variable ; leur corps est composé de 13 segments, celui
qui termine l'abdomen se distingue des autres par sa forme
et par les crochets dont il est muni ; en-dessous, il porte un
mamelon bifide, rétractile, servant de point d'appui à la
larve pendant la locomotion ; leur allure pendant la marche
est trop connue pour que je la décrive ici, Perris l'a
fort bien caractérisée. Les nymphes présentent des saillies
de forme bizarre, qui leur sont exclusivement propres dans
l'ordre entier des Coléoptères : je n'attribue aucune valeur
phylogénique à ces particularités.

Les Cistélides se rattachent si intimement aux Ténébrionides par les *Atractus*, les *Cylindrothorus* et les *Cistela*, qu'il
n'y a pas lieu de les considérer à part ; on doit même,
très probablement, les regarder comme un rameau détaché
des Hélopides [2].

Avec les Œdémérides, se terminera pour nous l'ensemble des familles directement alliées aux Vésicants ;

1. Lacordaire. — *Genera des Coléoptères.* T. V, p. 11.
2. Lacordaire. — *Loc. cit.* T. V, p. 490.

l'étude de ce groupe nous montrera encore des particularités fort curieuses et fort instructives.

D'une manière générale, on peut dire que les Œdémérides sont des hétéromères à facies de Longicornes, bien que certains détails de leur structure extérieure — sauf cependant pour les *Mycterus* — tendent à les rapprocher des Pédilides et surtout des Méloides. L'analogie indiquée par le facies se poursuit encore lorsqu'on considère les larves, qui ressemblent également à celles des Cérambycides. Elles sont en effet allongées et presque toutes privées d'ocelles ; l'abdomen se compose de neuf segments qui portent en dessous des tubercules charnus qu'on a quelquefois comparés aux fausses pattes des chenilles.

La curieuse famille des Tricténotomides, composée du seul genre *Trictenotoma*, ne présente rien qui soit étranger aux Longicornes du groupe des Prioniens, sinon qu'elle est hétéromère à la façon des Ténébrionides ; elle établit donc, d'une façon très naturelle, le passage entre les Œdémérides et les Cérambycides ; c'était là d'ailleurs l'opinion de Solier et d'Erichson. Malheureusement les larves de ce groupe intéressant ne sont pas connues et l'on n'a observé jusqu'à ce jour que trois espèces adultes de ce genre, l'une de Java, les deux autres de Ceylan et de la côte de Malabar.

Mais que ferons-nous maintenant des Myctérides?

Qu'on les range parmi les Œdémérides ou qu'on en fasse une famille à part, comme le proposait Lacordaire, nous restons en présence d'un type ambigu, dont les affinités sont plus que douteuses.

J'aurais un grand désir de voir les Hétéromères rattachés aux Rhynchophores, et je pourrais invoquer la ressemblance des *Mycterus* avec les *Larinus*, dont ils possèdent même la pubescence, mais j'estime qu'il serait prématuré d'admettre cette parenté avant de connaître au moins quelques-unes de leurs larves. Lacordaire pense qu'elles seront totalement différentes de celles des Salpingides, c'est aussi mon avis, mais je ne crois pas qu'il soit possible de dépasser cette hypothèse.

§ 3.

Le passage des Œdémérides aux Prionides se trouve donc franchi de la façon la plus naturelle par l'intermédiaire des Tricténotomides.

D'après les caractères énumérés par MM. Chapuis et Candeze[1] les larves de Prionides ont la tête grosse et

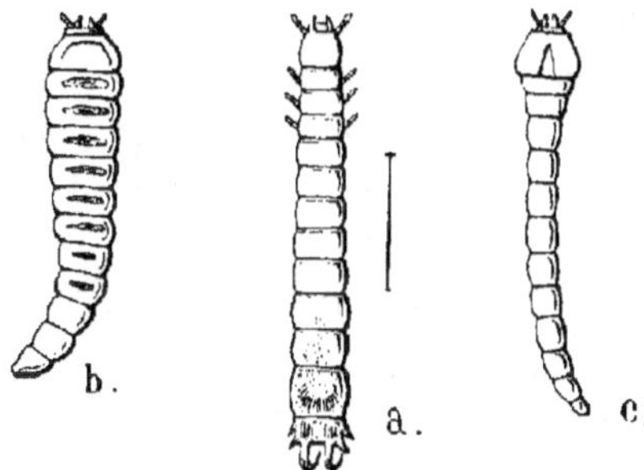

Fig. 7. — a. Larve de l'*Helops striatus* (d'après M. L. Planet. Nat. n° 69). — b, larve du *Prionus coriarius* (d'après M. L. Planet. Nat. n° 94). — c. larve de l'*Ancylocheira flavomaculata*, Buprestides (d'après Fairmaire.)

déprimée, le prothorax formant un bourrelet charnu; la première paire de stigmates est située sur le mésothorax ; les pattes sont très réduites et impropres à la locomotion; le nombre des segments abdominaux est de neuf, dont les huit premiers portent chacun une paire de stigmates.

1. Chapuis et Candèze. — *Catalogue des larves des Coléoptères.* Liége, 1853. (Ext. des Mém. de la Soc. des sc. de Liége, t. VIII.)

Aucun de ces caractères ne peut servir à les distinguer des Longicornes (Fig. 7 **b**).

Le groupe des Prionides est encore intéressant sous un autre rapport ; plus de 300 espèces sont aujourd'hui décrites, mais sur ce nombre, il en est plusieurs qui s'écartent tellement des formes normales que bien des auteurs ont hésité à les regarder comme de véritables Longicornes. Lacordaire en fait un groupe à part, sous le nom de *Prionides aberrants*, et il indique qu'ils doivent immédiatement prendre rang à la suite des Tricténotomides, qui ne sont eux-mêmes « que des Prionides présentant un degré d'aberrance encore plus accentué ». Cette opinion est exacte, car leurs larves connues, telles que celle du *Parandra brunnea*, par exemple, décrite par M. Osten-Saken, ne diffèrent absolument en rien de celles des Prionides normaux.

Plus encore que les Trictenotoma le genre *Hypocephalus* a dérouté les entomologistes. Desmarest qui l'établit et le décrivit le premier, le plaça près des Sylphides ; Hope et Castelnau adoptèrent cette manière de voir ; Westwood le mit à côté des *Passandra* dans la famille des Cucujides ; Curtis en fit un Lamellicorne et le considéra comme un type intermédiaire entre cette grande famille et les Hétéromères, mais, chose plus étonnante encore, Spinola proposa de le laisser complètement en dehors de toutes les familles de Coléoptères.

Je regrette de ne pouvoir donner la figure de cet étrange insecte qui rappelle par sa forme générale et par sa taille, le *Gryllotalpa vulgaris*. On l'a rencontré au Brésil, marchant très lentement sur la terre ou encore, dit-on, dans les carcasses des animaux desséchés.

A la suite des Longicornes nous devons placer les Buprestides; malgré la grande diversité des Insectes parfaits, leurs larves ressemblent à celles des Lamiaires plus qu'à celles de n'importe quel autre groupe. Comme chez ces derniers le corps est atténué d'avant en arrière et la tête est plus ou moins invaginée dans le prothorax; la tête ne présente pas d'ocelles et porte deux antennes très courtes, bi ou tri-articulées (Fig. 7. **c**).

Au point de vue phylogénique, et autant qu'on peut en juger par la larve du *Melasis buprestoides,* la seule qui soit actuellement connue, le petit groupe des Eucnémides ne saurait non plus être éloigné des Buprestides.

Il en est tout autrement des Élatérides, qui se rapprochent tant des Eucnémides par la forme générale de leur corps que bien des auteurs ne les ont pas séparés. En ne considérant que les espèces d'Europe, je conviens que le facies de ces deux groupes d'Insectes présente de grandes analogies qui s'étendent même jusqu'à certains Buprestides.

Les caractères des larves n'autorisent cependant pas ce rapprochement d'une façon absolue, mais je discuterai les affinités des Élatérides en traitant du groupe des Malacodermes auquel je les ai rattachés.

En résumé, et ne considérant que les véritables Hétéromères, nous voyons chez la plupart des larves un plan morphologique commun et particulier surtout au noyau dit Ténébrionide. Chez d'autres, une légère modification de ce plan accuse une parenté plus ou moins marquée, d'un côté avec les Clavicornes (*Lagria hirta*), de l'autre (OEdémérides) avec les Longicornes, ce qui porte à établir ainsi qu'il suit le tableau généalogique des Ténébrionides[1].

---

1. A l'exemple des auteurs les plus récents j'emploie ici ce terme pour désigner, d'une manière générale, l'ensemble des Hétéromères.

Ire Section. — *Développement parasitaire et hypermétamorphose.*

Strepsiptères. — Rhipiphorides. — Méloïdes.

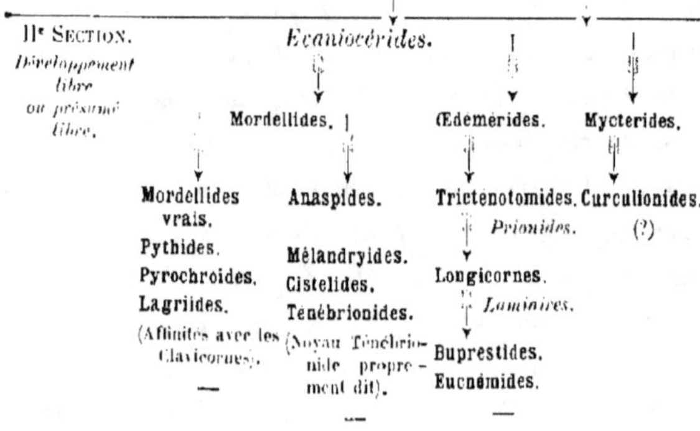

CHAPITRE III

Série troncatipenne.

§ 1. — Brévipennes.

Si l'on s'en tient aux seuls caractères de la morphologie externe des adultes, voici certes l'un des groupes les plus difficiles à étudier, à cause du nombre infini des formes qui passent de l'une à l'autre par les transitions les plus insensibles; au contraire, si nous considérons les larves, nous trouvons qu'elles ont entre elles les rapports les plus intimes.

Brauer regardait les Staphylinides, comme l'un des groupes rappelant le mieux les Procoléoptères primitifs: « *so wird uns der Staphylinus als eine der ältesten Käferforma gelten*[1], » et de fait, leurs larves conservent une forme campodée très nette, ce qui fait que les Insectes parfaits sont, de tous les Coléoptères, ceux qui présentent les plus grandes ressemblances avec leurs larves. Maurice Girard voit aussi et avec raison dans ce fait, non pas une dégradation, comme quelques auteurs l'ont avancé, mais la persistance d'une forme primitive.

Ces deux opinions sont parfaitement exactes, mais je crois qu'il est possible d'aller plus loin encore dans la connaissance des affinités réelles de ce groupe, et de remonter jusqu'aux Insectes à hypermétamorphoses, en tenant compte des découvertes les plus récentes.

Jusque vers 1860, la larve du *Choleva fusca* était seule connue dans la section des Nécrophages aberrants; selon Erichson, elle ressemblait complètement à celle des *Silpha*; mais depuis, on s'est assuré que d'autres *Choleva* suivaient un mode de développement voisin de celui des Vésicants. Aux *Choleva*, il faut joindre encore le *Leptinus testaceus*[2], séparé comme famille distincte par MM. Le Conte et Horn, et enfin le *Platypsillus castoris*, dont la larve vient d'être publiée par M. Riley dans l'*Insect-Life* de Washington (Fig. 8, **b**).

Là, nous retrouvons le commensalisme si curieux présenté par les Stylopides et les Rhipiphorides, car ce minuscule insecte qui, d'après M. Ed. Reitter, « offre l'aspect d'une puce aplatie »[2], vit en parasite sur les Castors dans l'extrême midi de la France. Un coup d'œil jeté sur la figure ci-contre

---

1. F. Brauer. — *Betrachtungen über die Verwandlung der Insecten im Sinne der Descendenz-Theorie.* Wien. Verh. k. k. zool.-bot. Ges. 1869, p. 313.

2. Reitter. — *Tableaux analytiques pour déterminer les Coléoptères d'Europe.* I. Nécrophages, p. 5.

(Fig. 8, **c**), suffit pour constater que sa larve ressemble absolument à la *pseudo-larve* contractée des Méloides et des autres formes parasites.

Tout en reconnaissant la grande simplicité organique des Staphylins, nous pensons donc que la grande série

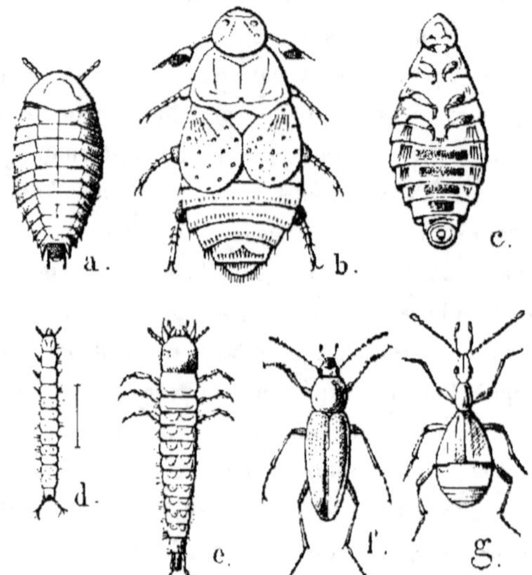

Fig. 8. — *a*. Larve du *Sylpha obscura*. — *b*. *Platypsillus castoris*, adulte, —. *c*, sa larve (d'après Riley). — *d*. Larve du *Platysoma oblongum*, Histérides. — *e*. Larve de l'*Ocypus olens*, Staphylinides. — *f*. *Choleva angustata*. — *g*. *Pselaphus Heisei* (d'ap. Fairm.).

des Troncatipennes doit s'ouvrir par les Platypsillides et les Leptinides[1]; ceux-ci nous conduirons aux Silphales par les *Choleva* (Fig. 8, **f**), dont les larves vivent aussi dans les pelleteries.

1. Lacordaire dit que cet insecte vit dans les vieux troncs d'arbres et dans les végétaux en décomposition, mais M. Olivier rapporte qu'il l'a trouvé en Franche-Comté dans la fourrure d'une Musaraigne morte. (*Faune des Coléoptères de l'Allier*, 1890, p. 112.)

Nous trouvons dans cette série plusieurs divisions qui furent souvent élevées à la hauteur de familles; il y aurait lieu, au contraire, de les réunir sous une même dénomination, parce que toutes leurs larves présentent entre elles les plus grandes analogies. Toutes ont, en effet, les mêmes mœurs et la même conformation; tels sont, par exemple les Nécrophorides, les Anisotomides, les Clambides et même les Histérides (Fig. 8, **d**); le facies de ces derniers ne peut pas être distingué de celui des Nécrophorides et les larves des *Liodes*, des *Agathidium*, des *Clambus* ressemblent à celles des Nécrophores. Le genre *Agyrtus* établit le passage des Anisotomides aux Silphides; enfin les *Sphærites*, appartenant au groupe des Silphides, présentent complètement le facies des Histers.

Je ne saurais non plus négliger de rappeler ici que plusieurs auteurs, qui se sont occupés de la tribu des Anisotomides, comme Stephens[1], Westwood[2], Redtenbacher[3], y ont introduit un certain nombre de genres que beaucoup d'autres regardent comme appartenant aux Coccinellides[4] c'est là l'indice d'une parenté très curieuse qu'il n'a pas encore été possible d'éclairer davantage jusqu'à ce jour.

Chez les Silphides, les larves sont ovales (Fig. 8, **a**); leur tête, aplatie en-dessous et arrondie en-dessus, porte deux antennes de quatre articles et six ocelles divisés en deux groupes; leur bouche, composée comme celle de toutes formes carnassières, porte deux mandibules fortes et pointues; elle est close en dessus par un labre bilobé très appa-

1. Stephens. — *Man. of British Coleoptera*, p. 98.
2. Westwood. — *An Introd. to the Mod. Classific. of Insects*. II. Synop., p. 10.
3. Redtenbacher. — *Die Käfer Austriæ*, p. 158.
4. Ce sont les genres *Alexia*, *Corylophus*, *Orthoperus* et *Sericoderus*.

rent. Les segments thoraciques et abdominaux sont recouverts d'écussons cornés qui débordent sur les côtés; le dernier segment porte un tube anal et deux appendices biarticulés.

Chez les Trichoptérygiens, la forme des larves est intermédiaire entre celles des Silphes et celles des Staphylins, toutefois il n'existe pas d'ocelles.

La parenté des Psélaphides avec les véritables brachélytres ne saurait faire de doute; quant aux Staphylinides proprement dits, bien que très variés sous le rapport morphologique, ils présentent, comme le reste des Brévipennes, une très grande homogénéité sous le rapport de la conformation des larves.

Je range les Psélapides (Fig. 8, **g**) et les Scydménides dans un même groupe; bien que leurs métamorphoses soient presque inconnues, leurs habitudes myrmécophiles et leur structure les rapprochent suffisamment des Staphylinides. On ne connaît encore qu'un petit nombre de larves dans cette famille si nombreuse; celle de l'*Ocypus olens* (Fig. 8, **e**) étudiée par Heer et par Blanchard, est l'une des plus commune et la mieux connue; elle peut servir de type.

Cette larve est allongée et atténuée vers l'extrémité postérieure, avec deux filets velus et divergents. Sa tête est orbiculaire et munie d'un col rétréci, absolument comme chez l'insecte parfait. Les organes buccaux sont au complet; le corps est comme d'habitude, composée de 13 segments. Sauf sa forme allongée, cette larve ressemble à celle des Silphides; il en est de même pour toutes les larves de ce groupe, qui présentent en outre des analogies très frappantes avec celles des Carabiques (Fig. 9, **e**).

La distance qui existe entre les Staphylinides et cette

dernière famille (Carabiques) se trouve comblée par les Paussides, petit groupe qui présente un intérêt considérable, malgré le nombre restreint de ses espèces.

Si l'observation d'Erichson est exacte, les larves des

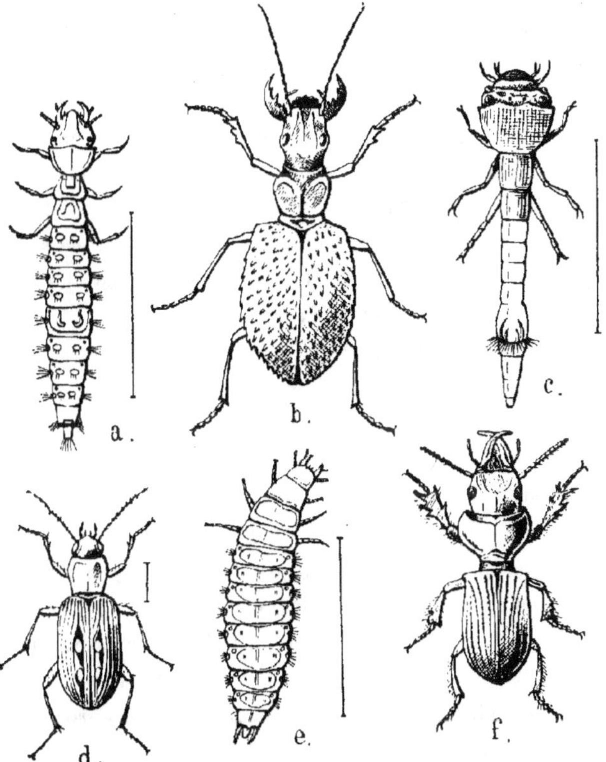

Fig. 9. — a. Larve du *Cicindela comprestris* L. — b. *Manticora tuberculata*, Dej. — c. Larve du *Mégacephala euphratica*, Ol. — d. *Bembidium paludosum*. Panz. — e. Larve du *Calosoma sycophanta* L. (Carabides.) — f. *Scarites Polyphemus* Bonel (Scaritides).

Paussides sont déprimées, mais tous les segments sont revêtus d'une peau coriace garnie de longs poils dressés ;

la bouche est fermée inférieurement, comme chez les Carabiques et les Staphylinides ; la tête porte six stemmates arrondis ; le dernier segment abdominal est pourvu de deux appendices bien développés, également garnis de longs poils.

Ces divers caractères, joints à ceux de leur organisation externe, ont toujours porté les auteurs à rapprocher ces insectes des Carabiques, auxquels ils se relient d'une façon assez satisfaisante par le groupe des Ozénides ; ils ont, en effet, le même facies et des trochanters très saillants au bord interne des cuisses postérieures ; enfin ils possèdent la faculté crépitante comme les *Brachinus* et les *Ozæna*. Ces analogies suffisent pour que les Paussides soient considérés comme alliés de très près aux Carabiques.

Cette dernière famille terminera pour nous la série des Troncatipennes.

En prenant, comme nous l'avons fait, les Nécrophages parasites comme point de départ, on voit que la série Troncatipenne évolue selon deux types divergents : d'un côté les *Silphales*, les *Trichoptérygiens*, les *Psélaphides* et les *Staphylinides*, nous conduisant jusqu'aux *Carabiques* par les *Paussides ;* c'est une filiation très étendue et parfaitement continue ; de l'autre, les *Anisotomides*, conduisant aux *Nécrophorides* et aux *Histérides ;* cette branche est bien moins étendue que la précédente. Dans les deux groupes, un caractère ancestral s'est conservé, c'est la troncature des élytres qui donne à ces Insectes un facies particulier qu'on retrouvera jusque dans les Carabiques qui leur sont le plus directement alliés.

§ 2. — CARABIQUES[1].

1° *Cicindélides.*

1. — Cette série n'est que la suite naturelle de la précédente ; le caractère brévipenne reparaît dans un nombre considérable d'espèces, et, comme nous l'avons vu précédemment, au lieu de considérer les Staphylinides comme des Carabiques dégradés, c'est au contraire ceux-ci qu'on doit considérer comme des brévipennes perfectionnés.

Qu'est-ce en somme que nos Brachines, sinon de véritables brévipennes ? Ce sont aussi les seuls, dans le groupe des Carnassiers de Latreille, dont l'abdomen soit composé de sept segments, et nous savons qu'il en est de même dans la grande majorité des Staphylinides ; ils apparaissent donc comme les moins différenciés des Carabiques.

Un fait important est encore à noter ici, c'est qu'à la tribu des Ozénides[2] si voisine des Brachinides, touchent encore plusieurs autres qui ne sont pas moins remarquables par les types aberrants qu'elles contiennent : tels sont, par exemple, les Péricalides[3], qui renferment le curieux *Mormolyce* et les Siagonides « qui possèdent une structure exceptionnelle et des caractères empruntés à un grand nombre d'autres groupes » notamment aux Galéritides ;

1. Pour être juste envers tous ceux qui ont abordé l'étude systématique des Carabiques, je dois citer ici les remarquables travaux de M. le docteur G. Horn, publiés dans les *Transactions de la Société américaine d'Entomologie*, 1881, et ceux de M. Kolbe : *Naturliches system der carnivoren Coleoptera*, publié dans la *Deutsche Ent. Zeit.*, 1880.

2. Malgré la forme de leurs élytres, MM. Perty et Brullé n'ont pas hésité à les placer à côté des Troncatipennes.

3. Pour ne pas compliquer ces questions de parenté, je néglige ici la tribu des Pseudomorphides, composée de Troncatipennes alliés de très près aux Ozénides.

les Ozénides eux-mêmes, d'après MM. Klug et Mannerheim, se rattachent aux véritables troncatipennes par le genre *Graphipterus*.

Enfin une remarque de M. Packard[1] va nous mettre encore plus directement sur la voie des premières liaisons jusqu'auxquelles nous croyons pouvoir faire remonter les Carabiques :

« *It appears, then*, dit le savant entomologiste américain, « *that the Épicauta triungulin closely ressembles a Carabid* « *larva, the head, antennæ, and mouth-parts as well as* « *the legs and form of the body in general, being on the* « *primitive Carabid type somewhat like Casnonia, Galerita* « *and Harpalus.* »

De fait, si en dehors des Cicindélides on considère les tribus établies aux dépens de la famille des Carabiques, il en est plus de la moitié qui renferment quelque forme troncatipenne et la seule difficulté systématique, porte par conséquent sur la place qu'il faut assigner aux Simplicipèdes et aux Scaritides, puisque tous les auteurs sont d'accord pour rapprocher les Patellimanes des Féroniens et des Harpaliens.

Pour nous, nous prendrons comme point de départ le groupe des Troncatipennes, car c'est là que nous trouvons le point d'attache des principales tribus de Carabiques. Toutefois il ne faudrait pas, comme le dit Lacordaire, s'attendre à établir une série linéaire continue ; les choses se passent, en réalité, comme si chaque groupe de troncatipennes avait donné naissance aux divers groupes de Carabiques, de sorte que, ce que nous pouvons constater, ce

____

1. A.-S. Packard. — *Origin of the Coleoptera*. Third Report of the United States Entomological Commission, 1883, p. 302.

sont des points de contact très nombreux, chaque groupe s'étant ensuite développé parallèlement à son voisin.

Nous reconnaissons trois facies fondamentaux qui correspondent aux trois grandes divisions adoptées par tous les naturalistes modernes : les Cicindélides, les Carabides et les Dytiscides, ce dernier comprenant tous les Carabiques adaptés à la vie aquatique. Tous les genres vont se grouper autour de ces trois types, car il existe des intermédiaires tellement nombreux, qu'il est impossible de tracer la limite entre les Cicindélides et les Carabiques, pas plus qu'entre ces derniers et les Dytiscides.

II. — La filiation qui me paraît la plus simple est celle qui semble avoir donné naissance au facies cicindélien.

En effet, si nous considérons dans les Troncatipennes, la curieuse tribu des Helluonides, nous trouvons un certain nombre d'espèces très remarquables qui, aux caractères propres qui les distinguent génériquement, en joignent d'autres qui les rapprochent, d'un côté des Galéritides, de l'autre des Odacanthides. A leur tour, ceux-ci sont proches parents des Trigonodactylides, dans lesquels se trouvent déjà des formes cicindéliennes par leurs mâchoires pourvues d'un crochet articulé [1], tel, par exemple, le genre *Hexagonia*, composé d'insectes très rares provenant de l'Asie méridionale et dont on ne connaît encore que trois espèces décrites par MM. Kirby et Schmidt-Gœbel. De même que ces dernières formes paraissent se rattacher aux Cicindélides vrais, de même aussi les Cténostomides paraissent

---

1. On sait qu'on avait donné ce caractère comme exclusivement propre à la famille des Cicindélides ; il n'en est rien, ce crochet manque dans beaucoup de genres, par exemple chez les *Psilocera, Procephalus, Ctenostoma*, etc.

dériver directement des Odacanthides et, en effet, leur
forme générale et leur structure sont assez différentes de
celles des autres Cicindélides.

On peut constater très facilement que, à partir des Helluonides, le facies brévipenne disparaît petit à petit, et,
bien que rentrant dans la division troncatipenne, les Trigonodactylides ont déjà les élytres allongées et arrondies aux
extrémités; enfin, quand nous passons aux Collyrides et aux
Cténostomides, il ne reste plus guère du facies brachinien
que l'étroitesse du corselet et la forme rectangulaire des
élytres.

La larve la mieux connue de tous ces groupes est celle du
Galerita Lecontei, que M. Sallé a fait connaître vers 1850[1].
Ses formes sont les plus singulières que l'on connaisse jusqu'ici parmi les Carabiques. Son corps est allongé, écail-
leux et garni de poils espacés; sa tête porte, en avant, une
longue corne fourchue à son extrémité; l'abdomen est
rétréci en arrière et son dernier segment porte deux longs
stylets, entre lesquels fait saillie le tube anal; elle est donc
nettement campodéiforme, et c'est avec raison que
M. Packard la compare au triungulin des *Epicauta*.

Sauf dans le genre *Cicindela*, les autres larves de ces diverses
tribus sont peu ou pas connues; chez le *Cicindela campestris*
(Fig. 9, **a**), le corps se compose de 13 segments, légèrement
atténués en arrière; la tête possède des antennes de
4 articles et porte de chaque côté 4 à 6 ocelles. Tout le
monde sait que ces larves creusent dans le sol des trous
cylindriques verticaux, à l'entrée desquels elles se tiennent
en embuscade, et dont elles bouchent l'ouverture avec la

1. Sallé. — *Ann. de la Soc. entomol. de Fr.* Série 2. VII. p. 298, pl. 8.

tête; le cinquième segment de leur abdomen est garni
de deux crochets qui leur servent à se cramponner aux
parois de leur trou et « malheur à l'insecte qui passe
sur cette bascule perfide, dit M. Maurice Girard ; elle cède
sous lui ; il est précipité au fond du puits meurtrier où la
Cicindèle se gorge de son sang[1] ».

Nous croyons donc pouvoir établir ainsi la filiation des
Cicindélides (Fig. 9, **b**).

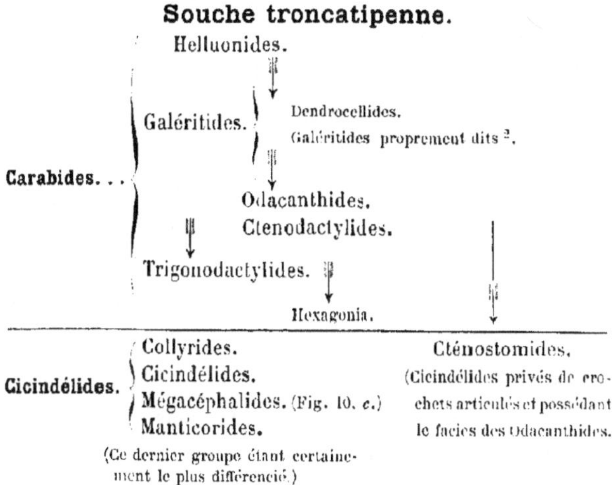

§ 3. — CARABIDES.

a. — *Facies féronien*.

Un deuxième branchement, qui vient encore se greffer sur
le noyau troncatipenne, est le groupe immense qui possède

1. M. Girard. — *Les Métamorphoses des Insectes*, p. 45. — Paris,
Hachette, 1874.
2. Dans ce groupe, le genre *Trigonognathus* est voisin des Mégacépha-
lides par la forme de ses palpes.

le facies plus ou moins variable auquel je donne le nom de *facies féronien*.

On est obligé de faire rentrer dans ce groupe les Carabides proprement dits, les Patellimanes et les Subulipalpes de Latreille, dans lesquels peuvent cependant encore se développer des facies secondaires tels que ceux qui sont particuliers aux Carabides, aux Scaritides, etc.

L'évolution phylogénique des espèces, dont l'ensemble constitue le type féronien, semble encore s'être faite à partir des *Helluo-Galéritides*.

En effet, considérons en premier lieu les *Anchoménides* ; un certain nombre d'entre eux, par leurs habitudes, par la structure de leurs tarses et par la troncature de leurs élytres, sont de véritables troncatipennes, tels sont, par exemple, les *Onypterygia*, curieux insectes du Mexique dont on connaît seulement 3 espèces, qui toutes, en possédant plusieurs caractères des Galéritides, annoncent déjà d'une façon très nette le facies général des Féronides.

L'exemple des *Onypterygia* n'est pas le seul qu'on puisse invoquer et nous trouvons encore dans cette tribu les *Stenocnemus* et les *Discolus* qui nous conduisent aux Anchoménides vrais.

La ressemblance entre les deux groupes qui nous occupent, ne se borne pas seulement aux caractères morphologiques, elle se retrouve encore dans les habitudes des Insectes parfaits ; l'on sait, en effet, que les débutants confondent souvent les *Anchomènes* avec les Brachines, et que s'ils possèdent le facies de ces derniers, ils en ont aussi les habitudes grégaires.

Si nous examinons maintenant les nombreuses formes qui jalonnent, pour ainsi dire, la distance des Troncatipennes

(*Brachinides*) aux Féronides, nous voyons que le passage à cette dernière tribu est préparé par le groupe instructif d'insectes, auxquels Lacordaire a imposé le nom de *Pseudo-Féronides*. Tous ont une certaine analogie avec les Troncatipennes, desquels M. Schmidt-Gœbel ne les a même jamais séparés; il me suffira de citer le *Caphora humilis* de Birmanie et l'*Æphnidius adelioides* de Java. Ce dernier insecte est extrêmement voisin des *Masoreus*[1], qui eux-mêmes nous font passer aux Féronides proprement dits par les *Abacetus* et les *Trigonotoma*.

Je n'ai pas, il s'en faut beaucoup, indiqué tous les cas où la parenté des Troncatipennes s'est le plus nettement accusée; je me suis borné aux cas les plus intéressants, à ceux que personne ne contestera.

Voici donc la filiation présumée des Féronides.

Souche troncatipenne.

Helluo-Galéritides.
Anchoménides.
Pseudo-Féronides.

↓

Masoreus.

↓

Abacetus. Trigonotoma.

Féronides.

b. — *Facies scaritien*[2].

Le troisième groupe naturel, qu'on peut encore suivre à

---

1. M. de Castelnau, qui a établi ce genre, l'a placé parmi les *Morionides* qui sont, comme on le sait, fort voisins des Helluonides.
2. Ce facies est dû principalement, chez les Coléoptères où il se développe, au pédoncule mésothoracique et à la forme globuleuse ou cordiforme du prothorax.

partir des Troncatipennes, est le groupe des Scaritides, car si l'on part des Anthiades, dont la structure est si voisine de celle des Helluonides, à côté des *Pachymorpha* et des *Thermophila*, dont le prothorax est déjà légèrement pédonculé, nous trouvons les *Melanius* et les *Carterus* (Ditomides), qui établissent le passage aux Siagonides, et enfin les *Apotomus* qui ne se distinguent en rien des *Clivina*.

Les Siagonides eux-mêmes — bien que plus voisins des véritables Scaritides — n'ont pas perdu tous leurs rapports de parenté avec les Procarabiques, puisque la structure de leur lèvre et de leurs antennes est la même que chez les Galéritides et les Ozénides.

Il existe même, dans la nombreuse tribu des Féroniens de Dejean, un certain nombre de genres où le facies scaritien ne disparaît jamais complétement, je veux parler des Stomides, sur la place desquels Lacordaire se dit très incertain, et ensuite des Cnémacanthides. La première de ces tribus possède des genres qui conservent le facies féronien, et d'autres où le facies scaritien est de plus en plus prononcé. Dans la seconde, tous les genres, sans exception, possèdent un thorax plus ou moins pédonculé. Il faut voir dans ce fait une alliance probable entre les Féronides et les Scaritides, et je placerais volontiers ces deux tribus aberrantes — que Lacordaire range à la suite des Licinides — au voisinage des Anthiades et des Ditomides.

Nous aurions ainsi une série parfaitement ordonnée, depuis les Helluonides jusqu'aux Scaritides les plus parfaits (Fig. 9, **f**).

Souche troncatipenne.

Helluonides.
Anthiades.
Ditomides. — Siagonides.
Stomides.
Cnémacanthides.
Scaritides.

c. — *Facies carabien.*

Le quatrième groupe, qui me semble encore prendre son origine dans le noyau troncatipenne, est celui qui aboutit aux Carabides, c'est l'un des groupes les plus nombreux et dont les affinités sont les plus variées (Fig. 9, **e**).

Si nous partons des Brachinides ou plutôt des Lébiides qui forment deux groupes très voisins, nous trouvons le genre *Cymindis* et surtout le genre *Homethes*, dont les caractères sont si vagues et les affinités si multiples, que tous les auteurs sont restés dans l'indécision relativement à la place qu'il convient de leur attribuer. La formule morphologique des *Homethes* est absolument celle des Péricalides, autre tribu de Troncatipennes dont les affinités sont également multiples, et qui possède les plus grandes analogies avec les Lébiides dont nous venons de parler.

Les Péricalides nous conduisent tout naturellement aux Anisodactylides, par le genre *Orthogonus* que Dejean avait placé près des Cymindis, à la suite des *Captodera*. Quand on compare les caractères des *Orthogonus*, des *Ptosima* et des *Anisodactylus*, on trouve qu'ils établissent en même temps une transition naturelle vers les Harpalides par l'intermédiaire des Cratocérides (*Daptus, Cratocerus*)[1].

____

1. L. Casey. — *Contributions to the descriptive and systematic Coleopterology of North America.* — Philadelphie, 1884. Part. I, p. 9.

Bien que les larves des Lébiides n'aient pas encore été observées, du moins à ma connaissance, on sait que les Harpalides en présentent qui paraissent des plus primitives dans la grande famille des Carabides[1].

A côté de cette tribu des Harpalides, nous trouvons les Licinides, établissant sans difficulté le passage vers les Chlænides; ensuite, la ressemblance de ceux-ci avec les Panagéides est tellement évidente qu'elle a été reconnue par tous les auteurs.

Des Panagéides aux Pamborides, l'intervalle est comblé par les Cychrides, et les Pamborides eux-mêmes sont assez voisins des Carabides pour que leur parenté avec ce groupe soit admise sans difficulté.

Nous avons donc encore, à partir des Troncatipennes, une série assez homogène, incomplète sans doute, mais que des recherches approfondies permettront certainement un jour de mieux délimiter.

Souche troncatipenne

Lébiides. — Péricalides.
Orthogonus.
Anisodactylides.
Cratocérides.
Amblygnathus.
Harpalides.
Licinides. — Chlænides.
Panagéides.
Cychrides. — Pamborides.
Carabides. (Fig. 9 *e*.)

---

1. A.-S. Packard. — *The systematic position of the Orthoptera in relation to other orders of Insects.* → Third Rep. of the U. S. Entomological Comm., 1883, p. 302.

d. — *Facies bembidien.*

Pour terminer l'étude du facies carabique considéré dans son ensemble, nous examinerons encore un dernier groupe, celui-là peu étendu, mais dont la filiation nous a paru très claire : c'est le *facies bembidien.*

Pour trouver quelques-uns des jalons de sa généalogie, il nous suffira de remonter aux *Anchonodérides*, parmi lesquels se trouvent plusieurs types troncatipennes très prononcés. Nous pouvons, en premier lieu, citer les genres *Ega* et *Lasiocera*, placés autrefois par Dejean et par Solier à la suite des *Casnonia*, ce qui indique certains rapports avec la famille des Odacanthides, puis les *Tachypus*, qui établissent le passage direct de la famille des Anchonodérides à celle des Bembiides (Fig. 9, **d**).

Ce groupement pourra donc s'exprimer très simplement par le tableau suivant:

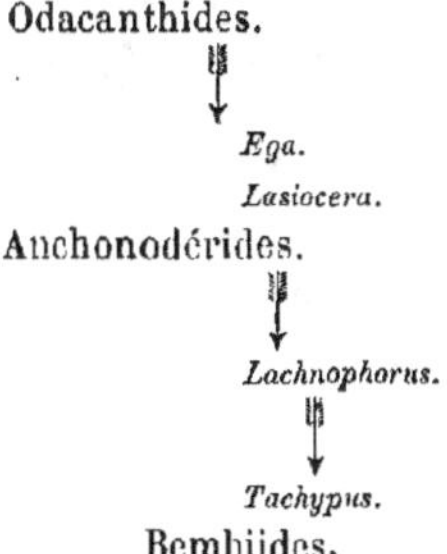

J'aurais pu étendre davantage ces considérations et les justifier par des exemples très nombreux, mais il sera facile, à ceux qui s'intéressent à ces questions, de compléter les points que je n'ai pu qu'effleurer.

Dans la plupart des groupes que je viens de passer en
revue, les larves ne sont pas connues, et j'ai dû presque
toujours avoir recours à l'ensemble des caractères fournis
par la morphologie externe des adultes.

Je ne veux pas dire que ces groupements linéaires soient

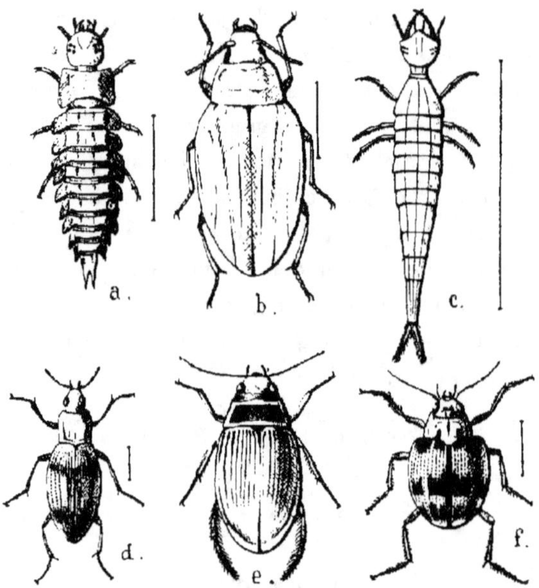

Fig. 10. — *a*. Larve de l'*Amphizoa Lecontei* Hubb. — *b*. *Amphizoa Lecontei*
Hubb. Insecte parfait. (Insect Life. N° 1. Vol. V.). — *c*. Larve du *Dytiscus margi-
nalis* L. — *e*. le même, insecte parfait. — *d*, *Haliplus elevatus* Panz. — *f*. *Omophron limbatum* Fabr.

l'expression absolue de ce qui s'est passé dans la nature ; j'ai
simplement voulu exprimer comment je comprends les
groupes secondaires qui semblent s'être formés aux dépens
du centre carabique. Je répète que ceci n'est qu'un essai ;
beaucoup de naturalistes pourront ne pas l'adopter dans
les détails, il nous suffira qu'ils en approuvent le plan et

les grandes lignes ; libre ensuite à chacun de chercher un arrangement meilleur que celui que je propose.

Quel qu'il soit cependant, cet arrangement ne saurait reposer sur des faits plus précis ni plus nettement établis, et je tiens à dire que, dans tout ce qui précède, j'ai pris soin de ne jamais m'en tenir à ma seule opinion personnelle. Toutes mes appréciations sont appuyées des plus fortes autorités entomologiques, auxquelles j'ai eu constamment recours, et, certes, en tête de ces autorités, personne ne s'étonnera de me voir placer Lacordaire et le Dr Schaum[1].

§ 4. — Dytiscides.

On sait que les Dytiscides ne sont en réalité autre chose que des Carabiques organisés pour la vie aquatique ; cette opinion n'est pas contestée que je sache, elle demande seulement à être précisée.

Je vais donc essayer de montrer comment ces insectes sont sortis, eux aussi, du noyau troncatipenne, et comment leur évolution s'est effectuée ensuite parallèlement à celle des Carabiques, ce qui donne la clé de leur organisation et explique en même temps leurs nombreuses relations de parenté avec ce dernier groupe.

La vie aquatique imprime, à tous les Coléoptères qui s'y sont adaptés, un facies particulier, toujours très reconnaissable et qui n'est point spécial aux Dytiscides ; nous le retrouverons dans toute une grande section des Clavicornes auxquels on a donné le nom d'Hydrophilides. Ce fait a induit en erreur un grand nombre d'auteurs, qui ont

1. Schaum. — *Das system der Carabicinen.* — Berlin. Entomol. Zeitschr. IV, p. 161-179.

cru voir dans ces derniers des proches parents des Dytiscides, tandis qu'ils s'en éloignent, comme nous le verrons, autant par leurs caractères propres que par l'ensemble de leurs métamorphoses.

Si nous remontons, parmi les Carabiques les plus aberrants et les plus nettement troncatipennes, jusqu'à la tribu des *Pseudomorphides*, nous trouvons là, de l'avis de tous les entomologistes, un groupe d'Insectes pour lesquels il est fort difficile de décider s'ils appartiennent aux Carabiques ou aux Hydrocanthares, à tel point que les naturalistes anglais, qui les ont décrits les premiers, s'y sont presque tous trompés[1]. Ce groupe est fort localisé, et toutes les espèces appartiennent à l'Amérique et à l'Australie[2].

A partir des Pseudomorphides, l'évolution du groupe semble s'être effectuée par les *Pseudomorpha* et les *Sphallomorpha*. On arrive ainsi aux Dytiscides par l'intermédiaire de certains Cratocérides et par les *Omophron* (**Fig. 10, f**). Nous trouvons en effet le genre *Cyclosomus*, dont les espèces sont tellement voisines des *Omophron* que Brullé n'avait pas hésité à les placer dans ce genre[3]; on ne connaît malheureusement encore que trois espèces appartenant aux pays tropicaux.

Je n'ai évidemment pas besoin d'insister sur les affinités plus qu'étroites qui unissent les *Omophron* aux Dytiscides;

1. Westwood. — *Exemples empruntés à la classe des Insectes des rapports désignés ordinairement sous le nom d'affinités.*

2. On signale généralement la ressemblance très étroite qui semble exister entre ces insectes, les Ips, et les Peltis; d'après moi, ce n'est là qu'une simple analogie; les affinités de ces deux derniers genres sont plutôt pour le facies hydrophilien, car ce sont de véritables Clavicornes.

3. Brullé. — *Histoire naturelle des Insectes*. Tome V, p. 139.

leur vie tout entière, qui se passe exclusivement au bord des eaux, est un acheminement vers l'existence véritablement aquatique que nous trouverons plus accentué encore chez les *Amphizoides* et les *Haliplides* (Fig. 10, **a, b, d**).

La larve des *Omophron* est très instructive ; voici les caractères que lui assigne Desmarest[1]. Son corps est relativement court et fortement rétréci en arrière ; sa tête est large, échancrée en avant et armée de longues et robustes mandibules ; le dernier segment abdominal est muni de deux courts appendices filiformes, tri-articulés.

Tous ces caractères sont également ceux des Dytiscides, mais la larve de l'*Omophron* a conservé un dernier trait de parenté avec les larves des Brévipennes, elle relève, quand on l'inquiète, l'extrémité de son abdomen à la façon des Staphylins.

Nous voyons que, dans les cas où elles sont connues, les larves viennent confirmer notre manière de voir relativement à l'origine troncatipenne de tous les Carnassiers de Latreille, soit terrestres, soit aquatiques.

Si nous intercalons maintenant les Amphizoides et les Haliplides, entre les Omophronides et les véritables Dytiscides, nous aurons établi, autant que le permettent nos connaissances actuelles sur les Coléoptères, la filiation probable des principaux groupes d'Hydrocanthares.

La famille des Amphizoides a été établie sur un seul insecte excessivement curieux, découvert en 1853 dans la vallée du Sacramento (*Amphizoa insolens*)[2]. Une seconde espèce, *A. Lecontei*, a été récemment trouvée avec sa larve,

---

1. Desmarest. — *Bulletin des sciences nat.*, III, pl. 24, fig. 1.
2. Le Conte. — *Proceedings of the Acad. of Philadel.* 1853, p. 227.

en nombre considérable, par MM. Schwarz et Hubbard dans les ruisseaux des montagnes de l'Utah [1].

D'après M. Hubbard, la larve de l'*Amphizoa Lecontei* est ovale et à pattes courtes ; sa couleur est brune et sa face supérieure est fortement chitinisée. Une carapace dorsale s'étend sur les côtés, en formant des lobes latéraux qui diminuent progressivement de largeur et finissent par deux pointes allongées sur le dernier segment abdominal. Les antennes sont courtes et tri-articulées ; la cavité buccale est grande et adaptée à la mastication. La lèvre inférieure est transversale et proéminente, mais sans languette ; elle porte des palpes très courts bi-articulés. L'abdomen est formé de huit segments et se termine par deux appendices divergents qui servent à la respiration (Fig. 10, **a**).

La larve, de même que l'Insecte parfait, vit dans les eaux claires et peu profondes, sous les pierres partiellement inondées. Dans le City Canyon et dans l'Utah, MM. Schwarz et Hubbard trouvèrent les adultes cramponnés à des bâtons flottants et à des chatons de saules accumulés dans les remous. Quand on essayait de les saisir, ils se laissaient couler dans l'eau, sans faire aucun mouvement et les pattes étendues [2].

Par tous ces caractères, la larve des *Amphizoa* se place entre les Carabides et les Dytiscides ; c'est, avec le Pelobius, le représentant d'un ancien type, actuellement isolé par l'extinction des formes environnantes.

Les Haliplides comprennent deux genres, *Cnemidotus* et

1. H. G. Hubbard. — *Notes on the Larva of Amphizoa.* — Insect Life, vol. V, n° 1, p. 19, 1892.

2. Voir C. Houlbert, traduction de cette intéressante Note dans *Le Naturaliste* du 1er janvier 1894.

Haliplus (Fig. 10, **d**), chez lesquels le facies dytiscien se défi-
nit plus nettement encore que chez les Amphizoïdes ; enfin
chez les Pélobiides, et surtout chez les Hydroporides, qui
sont des « *Dytiscides normaux* » l'adaptation est complète
et définitive (Fig. 10, **e**).

Je dis complète et définitive, parce que les Haliplides ne
vivent pas forcément dans l'eau, bien que celle-ci soit leur
élément naturel ; ils grimpent souvent sur les plantes du
rivage, où ils se réunissent en sociétés nombreuses. Les
habitudes aquatiques sont encore moins prononcées chez
les *Omophron*, puisque ceux-ci se tiennent généralement
dans le sable au bord des eaux ; quant aux *Cyclosomus*,
je n'ai pu me renseigner sur leurs habitudes ; je les crois
terrestres.

En même temps qu'on suit la filiation de ce groupe
remarquable à tant d'égards, on voit les habitudes aquatiques devenir de plus en plus générales, et le facies
dytiscien s'accentuer parallèlement. Par conséquent, les
nombreuses ressemblances qui ont été signalées entre les
Dytiscides et les Carabiques, s'expliquent naturellement, si
l'on admet, comme nous, l'origine troncatipenne des
Dytiscides.

Les larves des Dytiscides sont bien connues ; elles ont,
cela se conçoit, de nombreuses analogies avec celles des
Carabiques. Elles en diffèrent principalement par leur
caractère campodéiforme plus accentué, par leur corps plus
allongé et plus fortement atténué en arrière (Fig. 10, **c**) ;
leur dernier segment abdominal est complètement corné
et porte deux appendices filiformes, mobiles ; le nombre
des segments est de huit, comme chez les Amphizoïdes. La
tête est forte et porte six ocelles ; les mandibules sont

creuses et percées d'une petite ouverture près de leur extrémité. Ces larves sont fort agiles et d'une voracité extrême ; pour se transformer en nymphes, elles quittent l'eau et s'enfoncent dans la vase humide.

Voici, d'après moi, la filiation probable des Hydrocanthares :

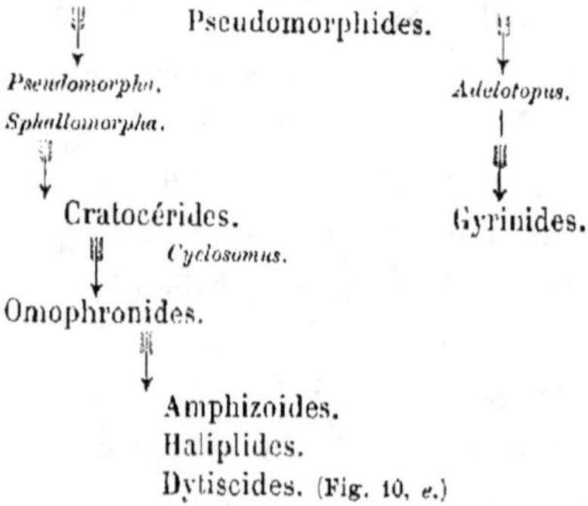

Avec les Dytiscides nous avons terminé l'étude d'une série nombreuse de groupes, possédant un développement parallèle et une origine voisine, sinon commune.

Dans tous ces groupes, nous sommes partis de formes troncatipennes très nettes, pour arriver à des formes qui, selon le sens de leurs affinités, aboutissent aux Cicindélides, aux Féronides, aux Carabides, etc.

Latreille avait réuni la plus grande partie de ces Insectes dans sa famille des Carnassiers, et cet habile entomologiste avait bien saisi tous les rapports morphologiques qui existent entre eux ; cependant, l'on voit clairement que leur distribution en une série linéaire, telle qu'elle est adoptée par beaucoup d'auteurs, est impossible. Celle que nous proposons, rapproche au contraire tous ces groupes

d'après leurs affinités totales, et ce doit être là aussi le
véritable plan de la nature, dans ce nombre immense
d'espèces, sorties sans aucun doute d'un prototype
commun.

S'il existe des ressemblances entre certaines formes
appartenant à deux groupes voisins, cela me semble facile
à expliquer ; ainsi, les rapports très curieux qui existent
entre les Scaritides et les Féronides, m'avaient fait croire
pendant longtemps que le premier groupe était dérivé du
second ; je suis aujourd'hui convaincu qu'il n'en est rien ;
la véritable raison de cette ressemblance étant plutôt dans
ce fait, que l'évolution des deux groupes a passé par les
mêmes phases et qu'ils ont eu simplement à s'adapter aux
mêmes milieux.

Au contraire les affinités entre les Cicindélides et les
Scaritides sont d'ordre atavique. Nous trouvons, en effet,
parmi les Scaritides le curieux genre *Pasimachus*, dont
la larve d'une espèce au moins, celle du *P. elongatus*, a
conservé les habitudes des Cicindèles ; elle creuse dans le
sol un trou vertical dont elle bouche l'entrée avec sa tête.

Ces deux groupes ont incontestablement des modes
d'évolution voisins ; ils aboutissent aussi à deux types symé-
triques qui conservent, comme on le voit, leur parallélisme
et leurs propriétés phylogéniques jusque dans leurs formes
les plus différenciées.

D'après ce qui précède, je pense qu'il est possible d'établir
ainsi le tableau généalogique de tous les Coléoptères qui
se rapportent au facies carabide fondamental.

Souche troncatipenne.

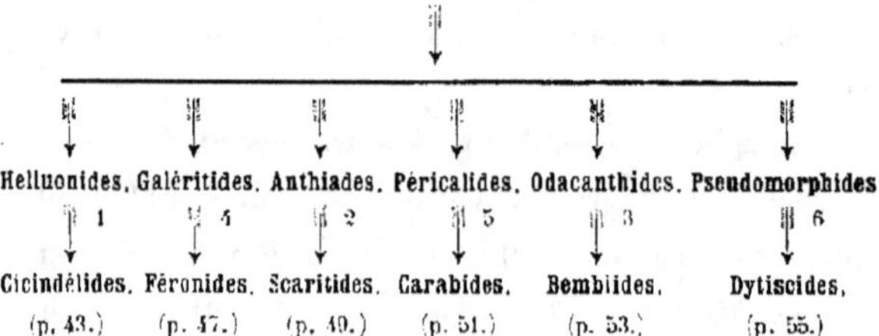

CHAPITRE IV

Clavicornes et affines.

§ 1.

Les Insectes que je réunis sous le nom de Clavicornes, à l'exemple des auteurs les plus récents, comprennent un très grand nombre d'espèces, ayant, dans les groupes inférieurs, des habitudes et un mode de vie communs; il en est ainsi, par exemple, chez les *Nitidulaires*, les *Cucujides*, les *Cryptophagides*, les *Dermestides*, etc.

Chez les *Géoryssides* et les *Byrrhides*, avec la persistance des mêmes habitudes générales, nous trouvons le curieux *Nosodendron*, dont la larve, alliée à celle des Dermestides, présente déjà quelques caractères du groupe Palpicorne, notamment par le nombre des segments de son corps. Chez les *Hétérocérides* et chez les *Parnides*, des habitudes plus aquatiques apportent un certain nombre de modifications dans le facies des adultes; enfin le type hydrophilien se précise tout à fait chez les Palpicornes proprement dits.

Par conséquent ici, de même que dans le chapitre précédent, où nous avons vu le groupe des Carabiques se terminer par des Insectes aquatiques, possédant un facies particulier, nous voyons aussi le groupe des Clavicornes se terminer par des Insectes adaptés au milieu aquatique, et acquérant le même facies. Dans deux groupes différents, un mode d'évolution identique conduit au même résultat.

Mais si l'action du milieu a été profonde sur les formes adultes, elle a, par contre, beaucoup moins affecté les larves, de sorte que nous pouvons reconstituer, avec assez de vraisemblance, l'histoire phylogénique de cette importante famille.

Nous ne pourrons pas toutefois. comme chez les Brévipennes, retrouver le fil des métamorphoses à partir des Vésicants; mais, comme tous les groupes d'Hétéromères sont alliés de très près les uns aux autres, cet inconvénient paraîtra bien diminué par ce fait, que nous pouvons très nettement, je dirai même très sûrement, comparer les larves des Clavicornes à celles des *Pyrochroides* et des *Hélopides* (Fig. 11, **a**).

Tout d'abord nous savons que certains *Pythides*, dont la parenté avec la famille des Pyrochroides n'est pas douteuse, ressemblent tellement aux *Cucujus* que les anciens auteurs ne les avaient pas séparés de ce genre; nous sommes donc conduits à considérer les Cucujides comme l'un des groupes les plus anciennement apparentés de la série des Clavicornes.

Leurs larves sont connues depuis Erichson[1]; elles sont allongées et plus ou moins déprimées. comme les Insectes parfaits; leur tête porte cinq ocelles de chaque côté et des antennes de quatre articles; le neuvième segment abdominal est très petit; il est garni de *deux petits crochets cornés, recourbés*, et se termine par un tube anal (Fig. 11, **b**).

D'autres larves, décrites par Perris, présentent encore des caractères voisins, et nous verrons ce type larvaire — également particulier aux Ténébrionides — persister sans modifications jusque chez les Cryptophagides.

A côté des Cucujides doivent se placer les *Colydiides*, dont les larves décrites par Westwood et Perris ressemblent encore beaucoup aux précédentes, en même temps qu'elles rappellent celles des Hélopides (Fig. 11. **c**).

A la suite des Colydiides je placerai également les *Nitidulaires* (Fig. 11, **d**), et la plus grande partie des *Trogosi-*

---

1. Erichson. — *Naturg. der Insect. Deutschl.* III, p. 303.

taires; je retrancherai seulement de ces derniers la tribu des *Peltides*, dont les larves me paraissent présenter déjà des caractères que nous retrouverons plus fixes chez les *Mycétophagides* et les *Nosodendron*.

L'ensemble des familles, que je range sous la dénomi-

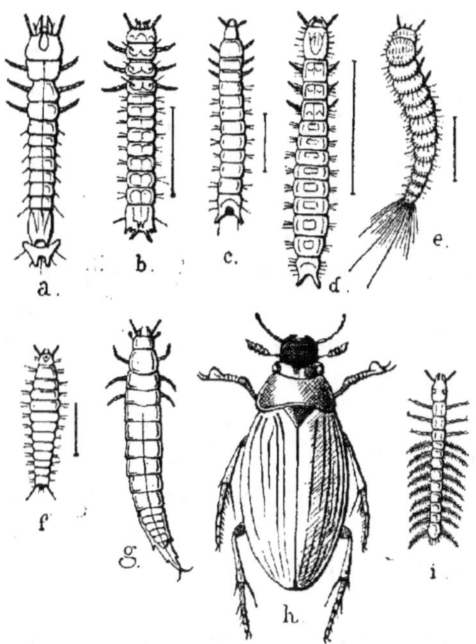

Fig. 11. — *a.* Larve du *Pyrochroa coccinea*. — *b.* Larve du *Cucujus hæmatodes* — *c.* Larve de l'*Aulonium bicolor* (Colydiides). — *d.* Larve du *Temnochila cærulea.* (Nitidulides). — *e.* Larve de l'*Attagenus pellio* (Dermestides). — *f.* Larve du *Triphyllus punctatus* (Mycétophagides). — *g.* Larve de l'*Hydrophilus piceus* (Hydrophilides). — *h.* *Hydrophilus piceus*, adulte. — *i.* Larve du *Gyrinus natator* (Gyrinides) (d'après Fairmaire et Maurice Girard).

nation générale de *Cryptophagides*, se relie très étroitement aux précédentes par la structure et les habitudes des larves (Fig. 11, **f**); cette famille se trouve même rattachée aux Dermestides par le genre *Byturus*, dont le corps ne présente cependant pas encore les poils qui caractérisent les larves des Dermestides (Fig. 11, **e**).

Les larves des Dermestides se distinguent au premier coup d'œil de toutes les autres larves de Coléoptères par les poils nombreux et rigides dont leur corps est hérissé.

La tête est munie de six ocelles de chaque côté et d'antennes de quatre articles. Dans certaines espèces, les larves portent, sur le dernier segment abdominal, un faisceau de poils divergents (*Attagenus*, *Trogoderma*, *Anthrenus*) (Fig. 11, **e**); les autres ont simplement un tube anal et deux crochets recourbés (*Dermestes*).

Bien des caractères permettent de rattacher les Byrrhides à la famille des Dermestides; je citerai cependant le *Nosodendron fasciculare*, dont la larve possède des caractères particuliers, et qui semble appartenir, dit Lacordaire, à une famille différente «tant elle s'éloigne des précédents[1]».

Le corps de cette larve ne se compose que de douze segments, comme chez les Palpicornes; cette diminution semble spéciale aux espèces adaptées à la vie aquatique; de même que les *Parnides* et les *Hétérocérides*, elle possède cinq ocelles de chaque côté.

La première larve connue appartenant au genre *Parnus* a été découverte par M. le capitaine Xambeu, qui en a donné la description dans le *Naturaliste* du 15 mai 1893; sa forme générale est, d'après lui, celle d'une larve de Ténébrionide[2].

La larve du *Psephenus Lecontei* est l'une des plus extraordinaires qui existent parmi les Coléoptères, à tel point qu'un naturaliste américain, M. J. de Kay, l'a décrite et

<hr>

1. Lacordaire. *Genera.*, vol. II, p. 476.
2. Xambeu. *Mœurs et Métamorphoses du Parnus auriculatus*, Panz. *Nat.* N° 149, p. 121.

figurée comme un Crustacé, sous le nom de *Fluvicola Herrickii* [1]. Elle est, en effet, recouverte d'un bouclier elliptique qui lui donne la forme générale d'un Trilobite; mais, en dessous de ce bouclier, on remarque que le corps est allongé; les segments de l'abdomen débordent légèrement le bouclier sur le dos, et portent de chaque côté six touffes de longs filaments branchiaux. Cette larve est aquatique; elle rampe lentement sur les pierres, et quand on l'inquiète, elle fait, paraît-il, des efforts pour se contracter en boule.

Malgré ses formes étranges, cette larve ressemble suffisamment à celle des Elmis pour être conservée dans la même famille.

Le point le plus intéressant de la structure des larves des Elmides est la présence, sur les segments abdominaux et thoraciques, de lamelles déchiquetées en forme de plumes. Seul, le dernier segment de l'abdomen est conique et se termine par un faisceau de poils.

Ces larves vivent aussi dans l'eau, et il est probable que la fonction respiratoire s'accomplit à l'aide des espèces de branchies dont je viens de parler.

Malgré la différence qui existe sous d'autres rapports, il me sera sans doute permis de faire remarquer ici qu'une organisation analogue se retrouve chez les Gyrinides et chez plusieurs Hydrophilides.

Sans vouloir absolument tirer de ce fait un argument en faveur de la parenté possible de ces deux groupes, on pourrait néanmoins considérer le groupe remarquable des Elmides comme un passage, unissant la famille des

---

1. J. de Kay. *Zool. of the State of New-York*, Crustacés, p. 53, pl. 10.

Gyrinides à des ancêtres Clavicornes disparus ou inconnus.

Cette manière de voir me semble encore susceptible d'être précisée davantage. On sait que la famille des Pseudomorphides (Troncatipennes) renferme le curieux genre *Adelotopus*; or, je considère ce genre comme une étape de l'évolution des Gyrinides. On connaît jusqu'à ce jour sept espèces d'*Adelotopus*, et toutes, en effet, possèdent le faciès général des Gyrinides, en même temps que leurs caractères les plus essentiels : antennes très courtes, tarses grêles et comprimés. Le point le plus instructif de tous ces caractères, c'est la structure des yeux, coupés en deux par un canthus étroit, absolument comme chez les Gyrinides (Fig. 11, i).

La même particularité se retrouve aussi chez les *Amphiops* de la famille des Palpicornes.

Je propose donc ici un changement assez notable en apparence, mais très désirable dans la réalité : c'est de retirer le genre *Adelotopus* des Pseudomorphides pour le placer, il me semble, à sa véritable place, parmi les Clavicornes, au voisinage des Ips et des Peltis. Nous aurons ainsi une filiation nette, aboutissant d'une part aux Hydrophilides (Fig. 11, **g**), d'autre part aux Gyrinides; cette dernière étant préparée par les genres *Adelotopus* et *Amphiops*, les seuls, en effet, qui possèdent la structure des yeux des Gyrinides.

Chez les Hétérocérides, autres Coléoptères des lieux humides, les larves reproduisent plus directement le faciès des Cryptophagides; leurs premiers états ont été observés par Westwood et Kiesenwetter [1]. Le corps de ces larves est allongé et garni de poils nombreux; les segments

---

1. Kiesenwetter. *Germars Zeitschr.*, vol. V, p. 480.

abdominaux sont cylindriques et beaucoup plus étroits que les segments thoraciques; le dernier porte un prolongement anal charnu. Ces larves sont donc différentes de celles des Parnides; elles ressemblent plutôt à celles des Spercheides.

Toutes ces affinités sont fort obscures. Ces groupes sont évidemment voisins les uns des autres, on le voit très bien; mais il me paraît impossible, dans l'état actuel de nos connaissances, de démêler exactement leur degré de parenté absolue.

Il est bien certain que les Clavicornes, pris dans leur ensemble, se rattachent aux Palpicornes; mais, d'un autre côté, certains groupes secondaires ont des caractères qui leur sont propres; une seule chose apparaît très nettement, c'est que l'adaptation au milieu aquatique a produit des formes qui rappellent de très près le facies dytiscien de la série précédente.

Avec toutes les réserves qui précèdent, j'établirai donc comme il suit le tableau généalogique des Clavicornes.

Souche hétéromère.

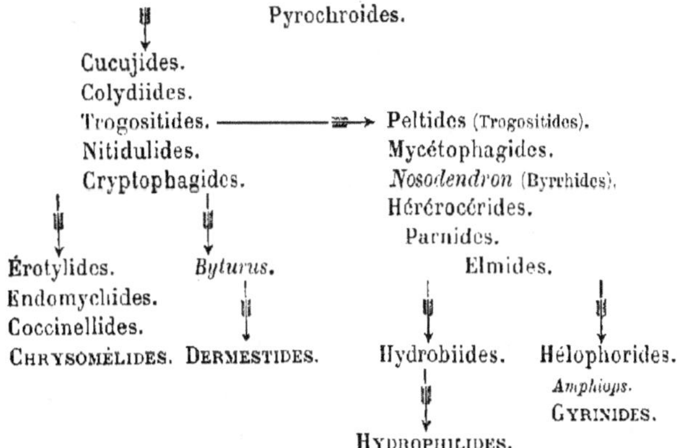

Le rameau qui a donné naissance aux deux groupes aquatiques, Hydrophilides et Gyrinides, paraît s'être détaché de la série Clavicorne au niveau des Trogositaires par le groupe des Peltides. Ceux-ci se sont ensuite développés parallèlement au noyau principal qui aboutit aux Dermestides, mais en restant très voisins de ce rameau et présentant souvent des formes de retour qui font qu'on ne peut apprécier ces deux branches, ayant le même point de départ phylogénique, qu'avec de grandes difficultés.

§ 2. — COCCINELLIDES ET CHRYSOMÉLIDES.

Dans cette série des Clavicornes, dont les affinités sont si nombreuses et si variées, les Cryptophagides (Fig. 12, **a**) semblent encore former un centre secondaire d'évolution, auquel se rattachent très intimement plusieurs groupes qu'on a coutume d'en éloigner beaucoup ; ce sont les Érotylides, les Endomychides, les Coccinellides, etc.

Il me semble aussi que la riche famille des Chrysomélides doit suivre immédiatement celle des Coccinellides, car il existe un grand nombre d'espèces qui établissent le passage, aussi bien par leur structure que par leurs habitudes et leur mode de nutrition.

D'ailleurs, les larves des deux familles sont excessivement voisines, et si les Chrysomélides sont essentiellement phytophages, il ne faut pas oublier que tous les Coccinellides ne sont pas aphidiphages. L'habitude de rechercher les pucerons paraît acquise par adaptation dans cette famille, et très probablement les Prococcinelles étaient phytophages à la manière des Chrysomèles, ainsi que tend à le faire croire l'organisation de leurs organes masticateurs.

Toutes ces espèces forment un ensemble bien ordonné, qui acquiert sa plus grande perfection morphologique chez les Chrysomélides; je désignerai donc sous le nom de facies chrysomélien le plan organique fondamental sous

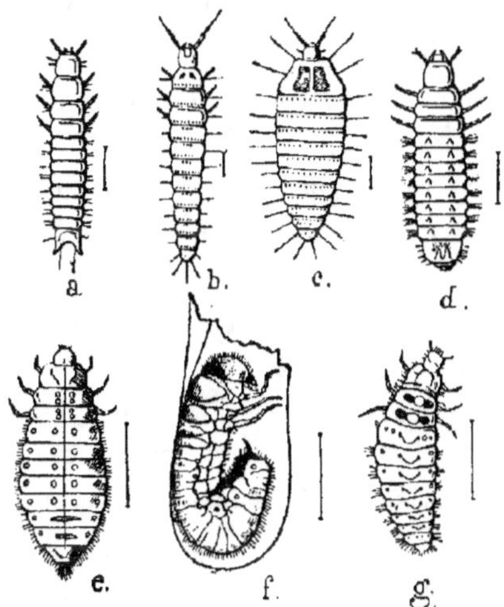

Fig. 12. — a. Larve du *Cryptophagus dentatus* (Cryptophagides). — b. Larve du *Corticaria pubescens* (Lathridiides). — c. Larve de l'*Orthoperus brunipes* (Clypéastrides). — d. Larve du *Lycoperdina bovistæ* (Endomychides). — e. Larve du *Lina populi* (Chrysomélides). — f. Larve du *Clythra vicina* dans son fourreau (Chrysomélides). — g. Larve du *Coccinella septempunctata* (Coccinellides) (d'après Fairmaire et M. Girard).

lequel ces Insectes se présentent le plus souvent à nous, plan qui ne subit que de très légères modifications quand on passe des formes les plus inférieures aux formes les plus parfaites.

Au début de cette série, par exemple dans les familles des Érotylides et des Endomychides, les Insectes ont conservé les habitudes des Clavicornes et vivent dans les matières végétales en décomposition; leurs larves, qui ne sont connues que chez les Endomychides, ont le corps allongé et atténué vers l'extrémité postérieure ; elles possèdent des pattes courtes et des antennes triarticulées ; leur couleur est rouge ou brune (Fig. 12, **d**).

Les larves des Coccinellides (Fig. 12, **g**) ont des caractères voisins, et doivent également se rattacher au type Campodé ; leur corps est allongé et pourvu de tubercules diversement colorés ; l'extrémité postérieure se termine par une sorte de mamelon visqueux qui sert à l'animal pour se fixer ou progresser. Ces larves ont six pattes bien développées ; elles poursuivent avec acharnement, sur les plantes, les pucerons dont elles font leur nourriture, et exhalent, quand on les inquiète, une odeur très forte qui rappelle beaucoup celle des Téléphores.

Les larves des Chrysomélides (Fig. 12, **e**, **f**) ont des habitudes sociales ; elles vivent généralement en grand nombre sur les plantes dont elles se nourrissent ; elles laissent suinter par les articulations de leur corps, quand on les saisit, un liquide âcre qui leur sert évidemment de moyen de défense et les protège contre les attaques des oiseaux.

L'une des particularités les plus singulières de leur évolution larvaire consiste en ce fait, qu'elles recouvrent leur corps d'une enveloppe protectrice formée avec leurs excréments. Avant de se transformer en nymphes, elles se fixent, par leur extrémité postérieure, à la manière des Coccinellides.

C'est chez les Clythres que la construction de ces fourreaux est le plus remarquable (Fig. 12, **f**). « Lorsque la larve « est arrivée au terme de son développement », dit M. Maurice Girard[1], « elle ferme la partie antérieure du

---

1. M. Girard. *Les Métamorphoses des Insectes.* p. 133.

« fourreau avec un opercule qui n'est pas sans analogie
« avec celui dont beaucoup de limaçons terrestres bou-
« chent l'entrée de leurs coquilles pour se protéger contre
« le froid de l'hiver. Elle se retourne ensuite dans le four-
« reau, de sorte que la partie postérieure se trouve là où
« était la tête; l'adulte sort du fourreau en rongeant le fond
« avec ses mandibules. »

En général, les larves de Chrysomélides sont ovales,
munies de saillies épineuses et de mamelons colorés
(Fig. 12, **e**); leurs pattes sont bien développées. Dans ce
groupe de larves phytophages, beaucoup d'espèces sont
nuisibles quand elles se développent en grande quantité;
tels sont les *Criocères*, parfois si communs sur les Lis
et sur les Asperges; les *Haltises* sur diverses Crucifères
des cultures industrielles et des potagers; enfin les *Dory-
phores*, importés d'Amérique en Europe, et qui ravagent
quelquefois des champs entiers de Pommes de terre.

A l'extrémité la plus différenciée de la série, nous trouvons, comme dans les chapitres précédents, des espèces
qui suivent deux voies d'adaptation différentes; d'un côté
les Donacies, dont les larves, adaptées à la vie aquatique,
ont le corps formé de douze segments, comme les Dytiscides et les Hydrophilides, puis les *Hæmonia*, qui sont
aquatiques sous leurs deux états; de l'autre les Criocères,
dont le facies se rapproche jusqu'à un certain point de celui
des Longicornes (Fig. 13, **a**).

Ce fait, qui a porté bien des naturalistes à admettre une
parenté possible entre les Cérambycides et les Chrysomélides, me semble avoir une autre signification. Si nous
considérons, en effet, que les espèces sur lesquelles on a
fondé ce rapprochement sont précisément celles qui

forment les extrémités des deux séries, de même que
les Dytiscides et les Hydrophilides terminent les groupes
Carabique et Clavicorne, on arrive à penser que l'analogie

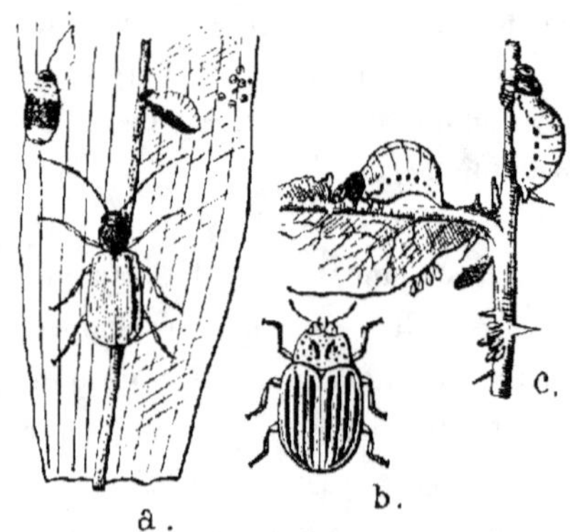

FIG. 13. — *a*. Criocère et sa larve. — *b*. Chrysomélide. — *c*. Larves de *Doryphora*.

des Criocères et des Cérambycides pourrait n'être qu'un de
ces cas d'adaptation convergente, si fréquents dans les phénomènes d'évolution.

Quoi qu'il en soit, il est certain que les caractères des
larves ne permettent point d'admettre entre les deux
familles la parenté qu'on avait cru reconnaître par l'étude
des Insectes adultes.

Le tableau généalogique des Coccinellides et des Chrysomélides semble donc pouvoir être établi ainsi qu'il suit :

Cryptophagides.

Lathridiides.
Clypéastrides (Corylophides),
Érotylides.
Endomychides.
Coccinellides.
Cassides.
Chrysomélides.

CHAPITRE V

Malacodermes et affines.

§ 1

Dans cette série, comme dans la série précédente, il semble qu'on ne puisse pas remonter jusqu'aux Vésicants pour retrouver l'origine de la famille ; cependant le groupe des *Lymexylones* (Fig. 14, **i**), si remarquable à tous égards, et dont la structure extérieure rappelle de si près les Orthoptères, dans le genre *Atractocerus* (Fig. 14, **k**), nous amène à prendre ici le point d'attache de la série malacodermique.

En outre des affinités étroites que les Lymexylones présentent avec les véritables Malacodermes, ils en présentent d'autres avec les Hétéromères de la famille des Mélandryiides, qui ont été signalées par Westwood [1], notamment par leurs habitudes et par la structure de la bouche des Serropalpides.

J'admets donc que le groupe des Lymexylones est l'un des moins différenciés de la série malacodermique ; en effet, à part la dilatation des anneaux thoraciques, qui est bien moins prononcée, les larves de cette tribu ressemblent beaucoup à celles des Œdémérides (Fig. 14, **a**). Les vrais Malacodermes ont des larves qui ne sont pas nettement campodéiformes ; elles sont cependant libres et actives ; on les a crues pendant longtemps phytophages, mais on

---

1. Westwood. *An Introduction to the modern Classif. of Insects.*, I, p. 274.

sait aujourd'hui qu'elles sont carnassières et très féroces.

A partir du groupe Lymexylone, la série paraît avoir divergé selon deux branches différentes, l'une aboutissant aux Cébrionites et probablement même aux Élatérides, l'autre comprenant les Xylophages proprement dits, dont les Bostrichides représentent, sans contredit, le type le plus différencié. Cette filiation, très simple, peut être représentée par le tableau suivant :

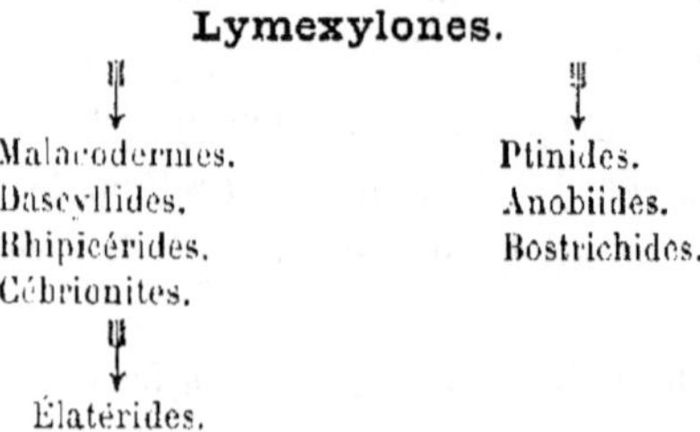

Parmi les larves libres et actives de la série malacodermique, celles des Clérides me paraissent devoir être considérées comme primitives. Malgré le peu d'étendue de cette tribu, dont le nombre des espèces est évalué à 450 environ, on trouve deux types larvaires bien distincts. Le premier type est représenté par les larves des *Trichodes alvearius* et *apiarius*, qui vivent dans les nids de l'Abeille maçonne ou dans les ruches de l'*Apis mellifica;* ce sont là des habitudes analogues à celle des Vésicants, et qui dénotent probablement une ancienne communauté d'origine entre ces deux groupes. Le second type comprend toutes les autres larves des Malacodermes; elles sont toutes carnassières, comme on le sait, et vivent, soit dans le bois, soit sous les écorces, à la recherche des larves dont elles font leur proie; d'autres se rencontrent même au sein des substances animales en décomposition : celles, par exemple, des *Necrobia* et des *Corynetes*[1].

Ce dernier type de larves est très homogène, à tel point qu'une même description peut s'appliquer à toutes les espèces.

En général, le corps de ces larves est allongé et déprimé (Fig. 14, **c**), mais sa forme et sa longueur sont variables ; il est recouvert, en dessus et en dessous, de plaques cornées ; la tête est petite et complètement retirée sous le prothorax, et, en outre, comme invaginée dans un repli membraneux qui cache les organes buccaux ; le labre manque dans la plupart des groupes.

De chaque côté de la tête existe un seul ocelle arrondi, en avant duquel sont insérées de courtes antennes de trois articles ; les segments du thorax ne sont pas plus développés que ceux de l'abdomen ; le dernier porte toujours un prolongement anal peu saillant.

Les jambes sont robustes, et il existe neuf paires de stigmates.

De Geer a fait connaître, chez les Lampyrides, une particularité intéressante de la mue qui précède leur transformation en nymphe ; leur peau, au lieu de se fendre supérieurement sur la ligne médiane du thorax, se fend sur les côtés ; la métamorphose ultérieure des mâles ne présente rien de particulier ; les femelles, au contraire, sont aptères et conservent indéfiniment la forme imparfaite des larves.

---

1. Docteur Chenu. — *Encyclopédie d'Histoire naturelle. Coléoptères* (2ᵉ part., p. 226).

Chez les Téléphorides (Fig. 14, **c**), le larves ont la plus grande analogie avec celles des Lampyrides, notamment par la présence d'un seul ocelle de chaque côté et par l'absence de labre ; elles sont également très carnassières.

Chez les Drilides, les larves ressemblent aux précédentes,

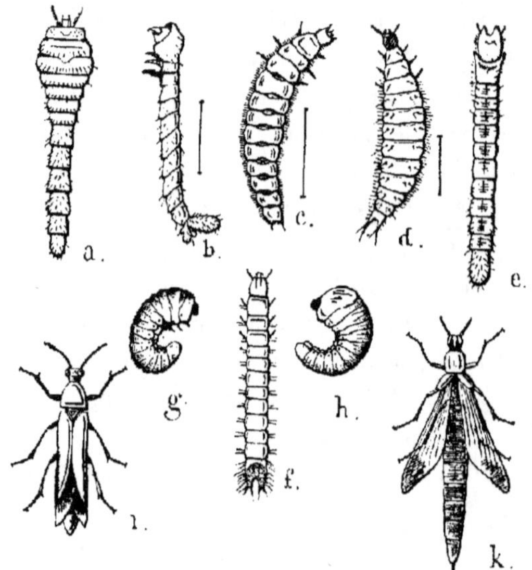

Fig. 14. — **a.** Larve du *Ditylus læris* (Œdéméridides). — **b.** Larve du *Lymexylon navale*. — **c.** Larve du *Telephorus rufus* (Malacodermes.) — **d.** Larve du *Dasytes flaripes* (Malachiides). — **e.** Larve du *Cebrio gigas*. — **f.** Larve de l'*Agrypnus atomarius* (Élatérides). — **g.** Larve de l'*Anobium molle*. — **h.** Larve du *Scolytus intricatus*. — *Lymexylon navale*, insecte parfait. — **k.** *Atractocerus brevicornis*, insecte parfait. (Règne animal.)

sauf qu'elles sont pourvues d'un épistome distinct; chez les Malachiides (Fig. 14, **d**) et les Clérides, il s'y ajoute un labre et il existe cinq ocelles de chaque côté.

Entre les Malacodermes et les Élatérides vient s'intercaler, d'une façon très naturelle, le petit groupe des Cébrionites; ces insectes ne sont autre chose en réalité que

des Élatérides fouisseurs et privés de la faculté saltatoire.
Les larves des Cébrionites (Fig. 14, **e**) sont privées de labre
et d'épistome ; il n'existe pas d'ocelles et la première paire
de pattes est atrophiée. Il en est de même chez les Élatérides, avec cette seule différence que les trois paires de
pattes sont bien développées.

Les Élatérides (Fig. 14, **f**) rentrent donc très nettement
dans la série malacodermique.

Les caractères de la morphologie externe avaient aussi
conduit les auteurs descriptifs à placer ici deux petits
groupes intéressants dont les larves sont tellement variables
qu'on ne saurait leur assigner des caractères généraux :
ce sont, d'une part, les Dascyllides, que Linné avait désignés
sous le nom de Chrysomèles, et les Rhipicérides, remarquables par la forme compliquée de leurs antennes ; les
caractères des larves ne contredisent point cette opinion ;
mais jusqu'à ce que nos connaissances soient plus complètes, ils ne peuvent être d'aucune utilité pour la
connaissance des affinités réelles de ces familles.

En résumé, aussi bien par les caractères des Insectes
parfaits que par la structure générale des larves, nous
avons, pour les Malacodermes proprement dits, un
ensemble de formes présentant tous les caractères d'un
groupe généalogique bien défini.

§ 2

Le second groupement qu'on peut reconnaître dans la
série malacodermique comprend tous les insectes qui
possèdent une larve plus ou moins éruciforme et qu'on a
rapportés jusqu'ici aux familles des *Ptinides*, des *Anobiides*
et des *Bostrichides* (Fig. 14, **g** et **h**).

Chez les Lymexylones, dont j'ai déjà fait ressortir les caractères particuliers, nous savons que les larves sont cylindriques, recourbées en arrière et revêtues d'une peau mince, rendue âpre par de nombreuses petites aspérités qui couvrent le prothorax. La tête est petite, subglobuleuse et rétractile dans le premier segment thoracique, qui l'enveloppe comme un capuchon. Selon M. Ratzeburg[1], les organes buccaux de ces larves sont très voisins de ceux des *Anobium;* les ocelles sont absents, le thorax porte trois paires de pattes bien développées et le dernier segment de l'abdomen se prolonge supérieurement en une très longue saillie conique terminée par deux petits crochets (Fig. 14, **b**).

Ce sont là des caractères qui annoncent déjà le type larvaire éruciforme que nous allons voir s'accentuer dans les familles qui suivent.

Les larves du *Lymexylon navale* causent de grands dégâts dans les chantiers de constructions navales; d'autres vivent dans les bois malades ou nouvellement abattus. A la suite des Lymexylones, je placerai donc les Ptinides, les Anobiides et les Bostrichides (Fig. 14, **g**, **h**), dont les larves sont toutes éruciformes et dont les caractères morphologiques sont également très voisins.

Le fil conducteur qui nous avait jusqu'ici servi de guide pour établir les relations de parenté plus ou moins visibles qui existent entre les différentes familles de Coléoptères va maintenant nous manquer; la larve éruciforme étant le résultat d'une adaptation à un genre de vie parasitaire ne pourra plus nous être d'aucun secours dans l'appré-

1. Ratzeburg. *Die Forstinsect.*, I. 1839, p. 40, pl. 2.

ciation des affinités entre espèces ou groupes voisins. Cette forme larvaire est d'ailleurs très peu variable, et tout au plus permet-elle de considérer toutes les familles, où elle existe normalement, comme s'étant développées suivant un mode identique, par suite d'une similitude de propriétés ataviques ou de tendances organiques communes.

Toutes ces larves sont molles et charnues et assez semblables aux chenilles des Lépidoptères, d'où le nom de *larves éruciformes* qui leur a été donné; elles vivent en général au sein des matières alimentaires qu'elles consomment; leurs pattes courtes et la forme recourbée de leur corps annoncent qu'elles se déplacent très peu. Le type le plus parfait de ces larves se trouve dans la grande famille des Lamellicornes, que nous étudierons bientôt.

Cette influence du milieu nutritif, si clairement établie quand on considère les larves phytophages des Lamellicornes, a encore eu une action plus profonde chez d'autres familles d'Insectes, dont les larves vivent également au sein des tissus végétaux; tels sont, par exemple, les Curculionides et les Scolytides, où nous trouvons des larves charnues et complètement apodes, comme celles des Hyménoptères (Fig. 14, **h**).

Pour revenir à nos Mollipennes à développement éruciforme, je rappellerai que les Ptinides n'étaient pour Latreille qu'une tribu des Malacodermes; Erichson ne les séparait pas des Lymexylones, et malgré les divergences de vues des auteurs, on ne saurait certainement les éloigner de cette série. Il en est de même des Anobiides, d'où je retranche toutefois les *Sphindus* jusqu'à plus complète information.

Quant aux Bostrichides, que je considère comme les

plus différenciés de cette seconde section, leurs larves ont quelques analogies avec celles des *Ptiniores*, mais surtout avec celles des *Scolytides*. D'autre part, Erichson [1], Perris [2] et Lacordaire [3] lui-même ayant placé cette dernière famille parmi leur Curculionides, je me range à l'avis de ces grandes autorités, et j'admets que les différents groupes alliés. *Bruchides*, *Brenthides*, *Ulocérides*, forment le passage de la série malacodermique à celle des Rhynchophores.

Je n'ai rien autre chose à ajouter pour ce qui concerne la famille des Rhynchophores (*Curculionides*); en dehors des types aberrants qui semblent la relier à la précédente, cette famille forme un tout si homogène, que ses innombrables espèces ne peuvent être séparées les unes des autres que par des caractères excessivement vagues et continuellement variables.

§ 3. — LAMELLICORNES.

La relation phylogénique que nous venons d'indiquer pour les Curculionides, bien qu'assez vraisemblable, est en réalité peu satisfaisante; si nous l'acceptons provisoirement, c'est que nous ne voyons pas la possibilité d'établir, d'une façon plus solide, les affinités de ce groupe important, mais notre embarras est bien plus grand encore quand nous cherchons à suivre l'évolution des Lamellicornes.

Cette famille comprend un nombre considérable d'espèces, dont le genre de vie est excessivement variable à l'état parfait; cependant toutes les larves se ressemblent, il me suffira de citer celle du Hanneton (Fig. 15, **a**), trop

1. Erichson. *Wiegmanns Archiv.*, 1842. 1, p. 373.
2. Ed. Perris. *Ann. de la Soc. entomol.*, 1856. p. 437.
3. Lacordaire. *Genera des Coléoptères*, vol. VII. p. 359.

connue de nos agriculteurs et qui se nourrit de racines;
celle de l'*Oryctes nasicornis* (Fig. 15, **d**), qui vit dans la
tannée; celles des *Aphodius* (Fig. 15, **e**), qui habitent les
excréments des herbivores ; celles des Lucanes (Fig. 15, **f**), et
des Cétoines (Fig. 15, **c**), qui consomment les bois pourris ou

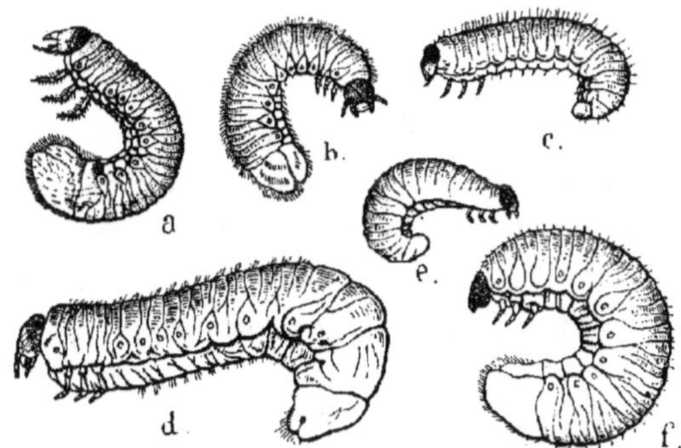

Fig. 15. — Larve du *Melolontha vulgaris*. — b. *Cetonia aurata*. — c. Trox. —
d. Larve de l'*Oryctes nasicornis*. — Larve d'un *Aphodius*. — f. Larve de *Lucanus
cervus* (d'après Lubbock). (*Origine et Métamorph. des Ins.* p. 33.)

altérés. Il suffit de jeter un coup d'œil sur la figure 15 pour
constater que toutes ces larves sont identiques; c'est là
évidemment l'indice de propriétés ataviques conservées,
malgré les modifications dues au genre de vie et au milieu
et qui ont également porté sur tous les groupes de cette
famille.

De plus, au point de vue phylogénique, il n'y a évidemment aucune raison de séparer les Pectinicornes comme
famille distincte. Leurs larves sont construites sur le même
type que celles des Lamellicornes; leur corps est cylindrique et sa partie postérieure est recourbée en arc, ce
qui fait que, étant dans l'impossibilité d'étendre leur corps
en ligne droite, elles restent couchées sur le flanc (Fig. 15).

On trouve partout trois paires de pattes, sauf chez les *Passalus*, où la troisième paire s'atrophie.

Le dernier segment abdominal porte le nom de *sac;* il porte une ouverture anale, *transversale* chez les *Passalus*, *longitudinale* chez tous les autres Pectinicornes. La larve du *Lucanus cervus* emploie quatre années pour accomplir le cycle de ses métamorphoses (Fig. 15, **f**.

Chez tous les autres Lamellicornes, la forme générale des larves est identique; le sillon anal est *transversal*, comme chez les Passalides, sauf une seule exception (Cétonides). Les ocelles manquent dans toute la famille, excepté chez le *Trichius fasciatus;* cette particularité intéressante a été signalée par Perris. La métamorphose de ces larves est variable, selon la grosseur de l'espèce; les petites espèces, qui vivent dans les excréments des animaux, accomplissent rapidement leur évolution ; chez les Mélolonthides, elle est de trois ou quatre années, selon les pays; il en est de même chez les Dynastides, qui renferment, comme on le sait, les plus grands Coléoptères connus, *Goliath* ou *Megalosoma*. Les larves des Cétonides se rencontrent fréquemment dans les fourmilières. M. Weaver pense qu'elles vivent aux dépens des œufs de fourmis, mais il paraît qu'elles se nourrissent simplement de bois pourri.

Quoi qu'il en soit de toutes ces particularités, dans l'état actuel de nos connaissances, les familles des Curculionides et des Lamellicornes forment deux groupes isolés dont les affinités sont inconnues; il y a là matière à d'intéressantes découvertes, et l'un des plus grands desiderata de la science entomologique moderne est d'établir la généalogie de ces deux familles, à l'aide de formes pouvant se rattacher au type primitif des Campodés.

CHAPITRE VI

Considérations générales sur les larves des Coléoptères.

Il me reste maintenant à présenter ici quelques remarques concernant l'organisation des larves des Coléoptères en général. Celles qui me paraissent le plus intéressantes sont celles qu'on peut faire relativement au nombre des ocelles ; mais pour qu'on puisse facilement saisir l'importance et l'utilité de ces remarques, je les dispose sous forme d'un tableau synoptique qui les résume d'une manière aussi rationnelle que possible[1].

On voit immédiatement, en examinant ce tableau, que les groupes où les ocelles sont le mieux développés sont également ceux dont les larves sont libres et ont par conséquent conservé les formes les plus voisines des Campodes ; au contraire, l'adaptation des larves à la vie parasitaire entraîne la dégradation des yeux simples, et les groupes où ils n'existent pas sont aussi ceux où les larves sont le plus nettement *éruciformes*[2].

Si nous examinons maintenant le nombre et la disposition des ocelles dans chaque groupe, nous verrons que ceux que nous avons considérés comme primitifs, c'est-à-dire comme des centres d'évolution, possèdent des ocelles en nombre variable ; tels sont les Brévipennes, où le nombre des stemmates varie de un à six ; les Ténébrionides, où ils

---

1. Voir ce tableau à la page suivante.

2. Parmi les Lamellicornes, on a signalé, chez la larve du *Trichius fasciatus*, la présence d'un œil lisse en arrière des antennes ; ce fait suffirait à lui seul pour faire penser que les larves de ce genre sont les moins différenciées, ce que l'on savait déjà par d'autres considérations.

Organisation générale des Larves.

FAMILLES.	Nombre et disposition des ocelles	Nombre des segments du corps.	Nombre des art. aux palpes maxillaires.	Nombre des art. aux antennes.	Paires de stigmates.	OBSERVATIONS.
Carabiques......	○ ○ ○ [1]	13	4	4	9	Pattes de 5 parties.
Dytiscides.......	»	12	4	4	9	
Dermestides.....	»	13	3	4	9	
Silphales........	»	13	4	4	9	2 ocelles chez les Anisotomides.
Tachyporides....	» [2]	13	3	4	9	Il peut être parfois de 5.
Palpicornes.....	○ ○ ○ ○ / ○ ○ ○	12	4	3	8	
Paussides........	»	13	3	4	9	
Hétérocérides....	○ ○ ○ / ○ ○	13	3	4	9	
Parnides.........	"	13	3	4	9	
Mycétophagides.	»	13	3	3	9	
Nosodendron....	»	12	3	1	1	
Clérides.........	» [3]	13	3	4	9	Antennes rétractiles.
Ténébrionides...	» [4]	13	3	4	9	
Malachides......	○ ○ ○ / ○	13	3	4	9	Antennes rétractiles.
Nitidulaires......	○ ○ ○	»	»	»	»	
Longicornes.....	» [5]	13	1	4	9	
Byrrhides.......	○ ○	13	4	2	9	
Méloides........	»	13	2	2	9	S'applique aux triungulins.
Malacodermes...	○	13	3	2	9	Pattes de 4 parties.
Ptinides.........	»	13	3	2	9	
Bostrichides.....	»	13	3	2	9	
Histérides.......	N'ont pas d'ocelles.	13	4	4	9	
Lamellicornes...	»	13	4	5	9	Larve du *Trichius fasciatus.*
Buprestides.....	»	13	2	3	9	
Elatérides.......	»	13	3	4	9	
Lymexylones....	»	13	3	4	9	
Curculionides....	»	13	3	1	9	Semblables aux larves des Scolytides.
Cébrionites, etc.	»	13	3	4	9	

1. Par exception, ce nombre est de 4 (○○) chez les Cicindélides.
2. Ce nombre est variable : *Staphylinides*, 4. — *Protéinides*, 3.
3. C'est le seul cas chez les Mollipennes.
4. Ce nombre varie de 2 à 5.
5. Variable de 1 à 3.

varient de deux à cinq ; les Clavicornes, où l'on en compte
de trois à six.

Ces variations expliquent les différences, parfois très
grandes, qu'on peut rencontrer dans les diverses familles
qui composent nos groupes naturels ; la disposition des
ocelles nous apparaît donc autant comme une propriété
atavique que comme un résultat d'adaptation.

Le nombre des segments du corps est sujet à des variations analogues à celles que nous constatons pour les
ocelles, mais beaucoup moins étendues ; ce nombre est de
treize dans toutes les familles de Coléoptères terrestres ; il
descend à douze chez la plupart des Coléoptères aquatiques,
comme on peut le remarquer chez les Dytiscides, les
Amphizoides, les Palpicornes, le Nosodendron et les Donacies, qui sont des Chrysomélides aquicoles.

L'influence du milieu semble être ici le principal facteur ;
l'étude des larves, chez les Amphizoides et les Pélobiides,
nous montre que c'est le neuvième segment de l'abdomen
qui subit les modifications les plus profondes, par suite
de l'adaptation graduelle de ce segment aux fonctions
respiratoires.

Après les ocelles et les segments du corps, c'est la structure des mâchoires et de la lèvre inférieure qui paraît présenter les variations les plus nombreuses et les plus impor-
tantes. Dans toutes les familles, les mâchoires sont disposées
pour déchirer les aliments ; elles portent des palpes de
quatre articles chez les Longicornes, les Lamellicornes, les
Carabiques, les Histérides et les Silphales ; de trois dans
toutes les autres familles, à l'exception des Méloides et des
Buprestides, où ils ne sont formés que de deux articles
seulement.

Le nombre de plus en plus grand des articles aux palpes semble donc être un critérium du perfectionnement. On conçoit que cette disposition soit particulièrement avantageuse aux formes libres, c'est pourquoi on la rencontre surtout chez les Carabiques et chez les Dytiscides. Le nombre trois, que l'on observe chez les Clavicornes et chez les Brévipennes, porte à croire que ces groupes sont moins différenciés que les Carabiques, conclusion à laquelle nous étions déjà arrivés par d'autres considérations.

Le nombre des articles aux antennes suit la même loi que celui des palpes; ce fait est conforme aux prévisions que l'on pouvait faire sous ce rapport, puisque ces organes ont des fonctions physiologiques connexes. Une exception remarquable s'observe chez les Lamellicornes, dont les larves possèdent des antennes à cinq articles; cette exception nous amène encore à considérer les Lamellicornes comme une famille très différenciée; mais nous aurons l'occasion de revenir plus tard sur ce sujet.

L'ensemble de ces dispositions et les variations auxquelles elles peuvent donner lieu, par suite du genre de vie propre aux larves de chaque famille, montre, à n'en pas douter, que l'ordre entier des Coléoptères est sorti de formes primitives plus ou moins voisines des Campodées. Les larves libres des Dytiscides, des Carabiques, des Brévipennes, par leur corps allongé et par tous leurs caractères, sont certainement plus étroitement alliées à la forme procoléoptérique primitive que celles de toutes les autres familles, de sorte qu'on doit considérer la forme actuelle des Coléoptères et leurs métamorphoses comme des propriétés acquises à la suite d'une longue évolution.

Ces remarques, de même que celles qui ont été présentées dans les chapitres précédents, ont pour base des faits bien observés et bien établis; je ne puis me tromper que dans l'interprétation que j'en fais; aussi je ne prétends point que, pour les détails, au moins, on n'en puisse donner d'explication plus acceptable. Quoi qu'il en soit, aucune des classifications existantes ne m'a paru répondre à l'ensemble des faits tels que je me les représente; j'ai donc été obligé de dresser un tableau généalogique à mon usage et un ensemble de classification qui m'est, je crois, bien personnel.

Il serait oiseux d'expliquer pourquoi j'ai renoncé à la disposition linéaire, l'arbre généalogique de Darwin[1] pouvant seul rendre compte des relations phylogénétiques dans leur ordre et dans leur étendue.

Voici donc, selon moi, comment peuvent se grouper les nombreuses familles qui composent l'ordre des Coléoptères; je les disposerai ensuite de façon à pouvoir indiquer la concordance des groupes que j'ai adoptés avec ceux du *Genera des Coléoptères* de Lacordaire.

Je reconnais huit séries principales, dont six peuvent se rattacher aux Vésicants d'une façon plus ou moins directe. Les deux autres sont isolées ou n'ont que des points d'attache très rares : ce sont les Curculionides et les Lamellicornes.

Voici tout d'abord le tableau des rapports que ces séries présentent entre elles et avec le groupe des Strepsiptères.

I. Darwin. — *Origine des espèces*, p. 497.

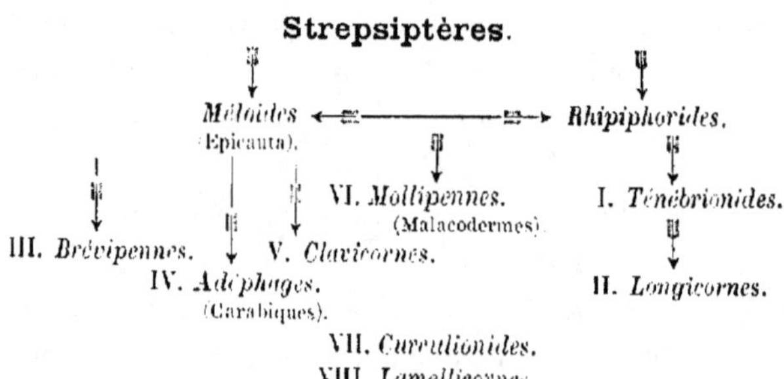

Chacune de ces séries peut se décomposer ainsi qu'il suit :

I. — *Série Ténébrionienne*. — Comme je l'ai expliqué p. 35 et suivantes, je réunis sous le nom de Ténébrionides ou de série ténébrionienne l'ensemble des Hétéromères et des groupes qui leur sont le plus directement alliés. J'adopte la généalogie suivante :

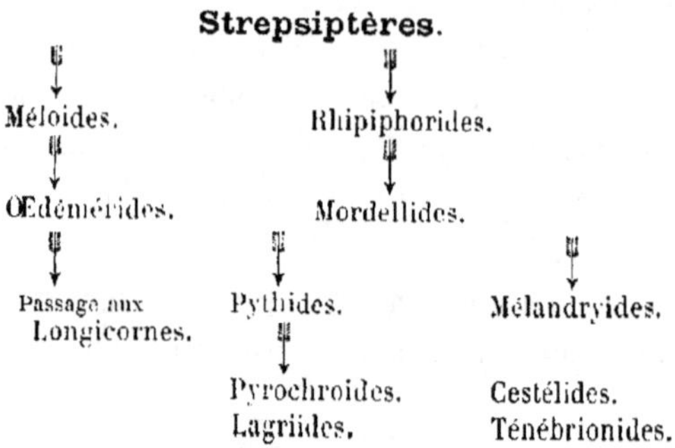

II. — *Série Prionienne*. — Je désigne sous ce nom l'ensemble des Longicornes, des Buprestides et des Eucnémides ; leur généalogie paraît très simple.

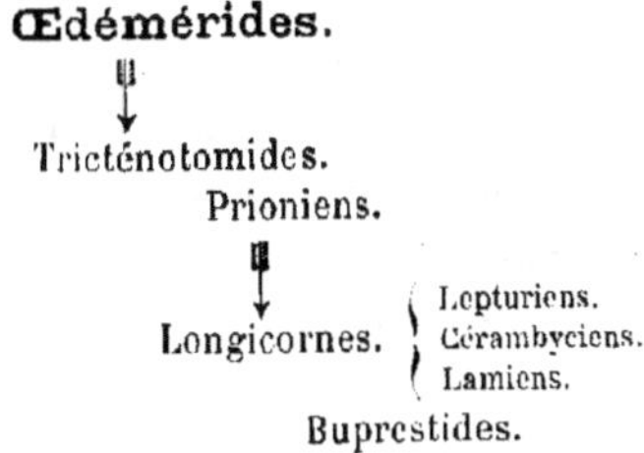

III. — *Série Troncatipenne* (Brévipennes). — Je reconnais dans cette série six familles principales, caractérisées par leur larve campodée et dont les relations peuvent s'établir ainsi qu'il suit :

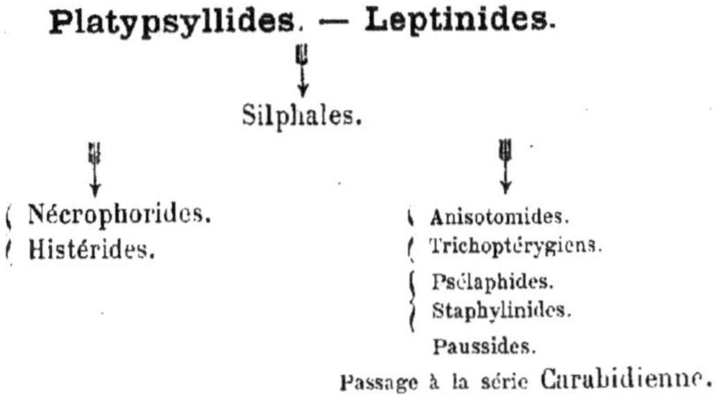

IV. — *Série Carabidienne* (Adéphages). — Cette série comprend les seuls Carnassiers de Latreille ; elle n'est en réalité que la suite naturelle de la précédente.

Trois groupes principaux.
Cicindélides.
Carabides.
Dytiscides (groupe aquatique).

V. — *Série Clavicérienne* (Clavicornes). — Cette série correspond à un nombre considérable de formes dont les affinités sont multiples et fort difficiles à apprécier; j'y reconnais deux facies principaux, l'un conservant plus particulièrement le caractère de la famille et aboutissant d'une part aux Dermestides, de l'autre aux Chrysomélides et Coccinellides; l'autre, s'adaptant à la vie aquatique et donnant les Palpicornes.

Les affinités de cette série peuvent s'exprimer ainsi :

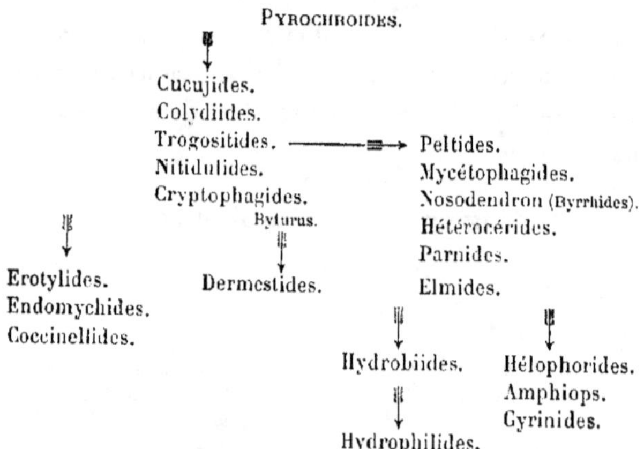

VI. — *Série Malacodermique* (Mollipennes). — Cette série se divise naturellement en deux groupes, l'un possédant encore des larves libres et carnassières, l'autre possédant des larves cruciformes.

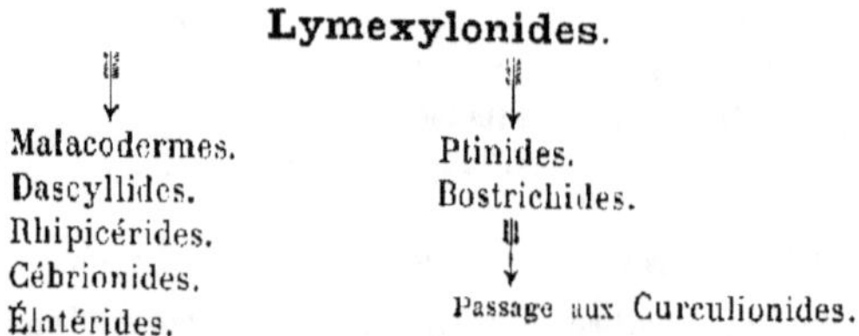

VII. — *Série Curculionienne* (Rhynchophores). Comprend la seule famille des Curculionides.

VIII. — *Série Scarabéidienne* (Lamellicornes).

CHAPITRE VII

Considérations phylogéniques et paléontologiques.

Les documents paléontologiques sur les Insectes, bien que très riches déjà, ne permettent pas de suivre complè-

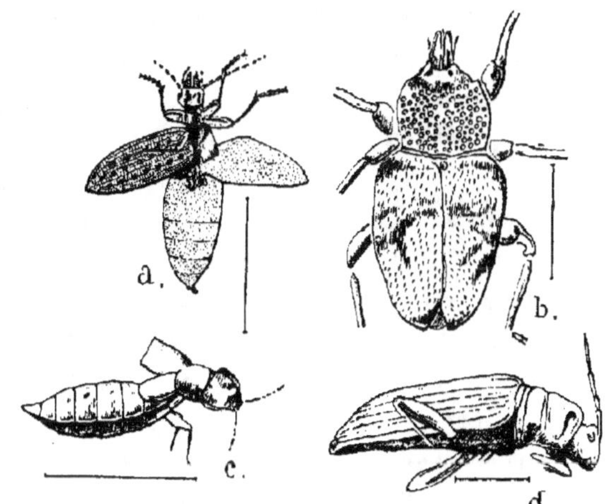

Fig. 16. — Insectes fossiles de l'époque tertiaire (d'après E. Oustalet.) — a. *Calosoma Agssizi*, Barth. — b. *Hipporhinus Heerii*, Germ. — c. *Staphylinus calvus*, Oustalet. — d. *Clytus leporinus*, Oust.

tement l'évolution des principaux groupes à travers les époques géologiques. On sait seulement, pour ce qui concerne les Coléoptères en particulier, et pour ne pas remonter jusqu'aux formes douteuses *Curculionides Anstici et Prestwichi*), signalées dans les terrains houillers de l'Angleterre par MM. Prestwich et Bukland[1], que les débris qui paraissent jusqu'ici les plus anciens ont été recueillis dans le trias; ce sont des Rhynchophores (*Curculionides prodromus*), groupe que nous considérons comme l'un des plus modifiés par l'adaptation, ce qui peut s'expliquer jusqu'à un certain point par son ancienneté.

Dans les lias de Schambelen, en Argovie, plus de 110 espèces ont été signalées par M. Heer[2]; ce sont surtout des Buprestides, des Byrrhides et des Chrysomélides. Les eaux étaient déjà habitées par des *Gyrinites* et des *Hydrophilites*, ce qui fait supposer l'existence du type clavicorne.

De plus, la présence de larves dans les couches secondaires indique, comme le fait parfaitement remarquer mon ancien professeur, M. F. Priem[3], qu'à cette époque les Insectes possédaient des métamorphoses.

Dans ces temps reculés, l'ordre des Coléoptères l'emporte déjà sur tous les autres par le nombre et la perfection de ses formes; il présente en même temps des affinités tropicales très prononcées, mais c'est surtout dans les couches tertiaires qu'il acquiert la prépondérance considérable qu'il ne cessera de conserver jusqu'à nos jours. Dans le travertin de Sézanne (*éocène inférieur*), dont la faune entomologique a été si habilement restaurée par M. Munier-Chalmas, les Coléoptères sont déjà nombreux; dans les lignites oligocènes du Siebengebirge, ils représentent à

1. Pictet. — *Traité de paléontologie*. Paris, t. II. p. 348.

2. Heer. — *Urwelt der Schweiz*, 1865.

3. F. Priem. — *L'Évolution des formes animales avant l'apparition de l'homme*. J.-B. Baillière, 1891, p. 254.

peu près la moitié des espèces observées, les Rhynchophores sont toujours en majorité; mais dans la grande
formation lacustre d'Œningen (*miocène*), dont la faune
est la mieux connue de toutes, sur 5081 échantillons
d'Insectes recueillis en 1867 par M. Heer, 2456 appartiennent à l'ordre des Coléoptères. Les espèces qui ont pu
être déterminées se répartissent ainsi entre les principales
familles : *Rhynchophores*, 108; *Sternoxes*, 67; *Clavicornes*, 55;
Géodéphages, 54; *Chrysomélides*, 50; *Lamellicornes*, 42,
Longicornes, 40; *Palpicornes*, 22. On remarque que ce sont
surtout les phytophages qui dominent, et ce fait, rapproché
des remarques de Lacordaire[1], indique d'une façon très
nette les affinités méridionales de cette faune.

Quoi qu'il en soit, et malgré l'incertitude de nos connaissances, les Coléoptères ne paraissent pas avoir subi de
modifications bien profondes dans les cours des périodes
géologiques; les documents paléontologiques ne nous
apprennent que fort peu de chose sur les transformations
qu'ils ont subies pour arriver à l'état où nous les voyons
aujourd'hui (Fig. 16).

Au début de l'ère secondaire, les diverses familles sont
déjà constituées avec leurs caractères propres; il faut donc
remonter plus haut, comme le dit M. Packard[2], pour
retrouver le prototype « des Perce-Oreilles et des Coléoptères », ces deux groupes ne paraissant être autre chose
qu'une ramification de quelque forme thysanoure, établie
dans les temps dévoniens ou siluriens[3].

1. Lacordaire. — *Introduction à l'Entomologie*, t. II, p. 528.
2. A.-S. Packard. — *Genealogy of the Hexopoda* (Third Rep. of the
U. S. Entom. Comm.), 1883, p. 303.
3. Les thysanoures étaient déjà nombreux à l'époque houillère;
M. Ch. Brongniart signale quarante-cinq échantillons du *Dasyleptus Lucasi*

Probablement qu'alors les larves des Coléoptères primitifs se rapprochaient encore davantage des Campodés véritables; par conséquent, si nous considérons la forme générale du corps avec ses segments homonomes chez les Coléoptères carnassiers, la constitution de la bouche, dont les pièces sont disposées pour déchirer et pour broyer les aliments, nous arrivons à cette conclusion que ce sont les larves des Carabiques et des Staphylinides qui ont été le moins modifiées.

Chez les Silphales, les Dermestides, les Cryptophagides, les parties de la bouche sont déjà moins parfaites ; le corps de la larve devient en même temps plus épais et les pieds sont moins développés; c'est l'indice d'une première variation.

Chez les Malacodermes, dont les larves sont carnassières, ces caractères se conservent; mais chez les Cébrionides et les Élatérides, qui terminent la série et dont les larves sont pour la plupart herbivores, on observe des modifications plus profondes dans le système buccal ; en même temps, le corps devient cylindrique et les pattes très courtes.

Chez les Cérambycides, nous voyons un éloignement plus grand encore du type carnivore; les parties de la bouche s'atrophient, les pattes tendent à disparaitre et le corps arrive de plus en plus à la forme *eruca*.

Enfin, si nous considérons les groupes où l'adaptation a apporté les modifications les plus profondes, tels que les Lamellicornes, les Curculionides, les Scolytides, nous voyons l'atrophie de la tête, des pièces buccales et des

trouvés dans les couches carbonifères de Commentry. (V. Ch. Brongniart : *Les Insectes des temps primaires*, p. 7.)

pattes atteindre son maximum ; les larves ne sont plus en effet que des vers charnus et apodes, rappelant la pupe des Hyménoptères.

Ces différentes remarques nous amènent à penser que si, au lieu de descendre la série des Coléoptères, nous

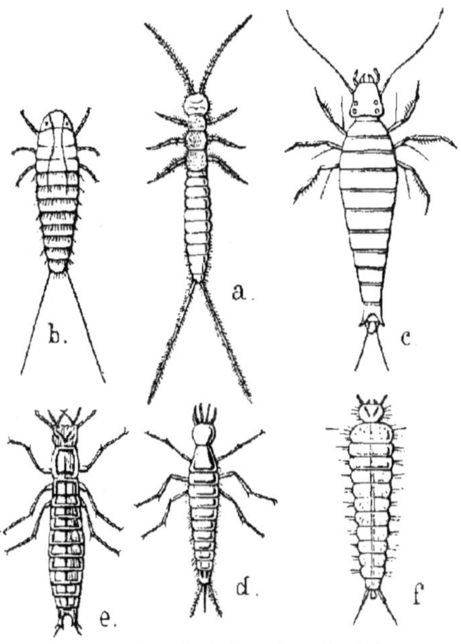

Fig. 17. — Types larvaires des principales séries coléoptériques. — a. *Campodea staphylinus*, la larve ressemble à l'insecte parfait. — b. Larve du *Stylops Childreni*. — c. Larve primitive du *Sitaris humeralis*. — d. Larve de l'*Ocypus olens*. — e. Larve du *Carabus auratus*. — f. Larve de l'*Agathidium seminulum* (d'après Fabre, Maurice Girard et Fairmaire).

remontions le cours des temps géologiques, au lieu de ces transformations ramifiées et divergentes, nous verrions au contraire les différentes espèces converger vers une forme particulière qui pourrait être considérée comme le centre évolutif de chacune de nos séries ; ce prototype serait voisin des *Strepsiptères* pour la série Ténébrionienne, des *Staphylinides* pour la série Troncatipenne, des *Atractocerus* pour la série Malacodermique, etc.; plus loin encore, les caractères de ces espèces collectives se concentreraient vers une forme brévipenne plus ancestrale, dont les Platypsyllines peuvent nous donner une idée; enfin la perte des ailes nous conduirait à un type général thysanoure, dans lequel se trouveraient réunis tous les caractères des espèces que nous désignons aujourd'hui sous les noms de Coléoptères, de Névroptères et d'Orthoptères (Fig. 17).

A ce point, les Insectes parfaits, tels que nous les connaissons, n'existaient pas; s'il nous avait été donné de les observer, nous n'aurions trouvé que des formes larvaires très peu différentes les unes des autres et voisines de celles qui caractérisent les types inférieurs de chacune de nos séries. Par conséquent, la forme actuelle des Insectes, leurs ailes, leurs couleurs brillantes, leurs transformations, leurs instincts parfois si merveilleux sont des propriétés acquises par adaptation pendant une très longue suite de siècles.

Les Procoléoptères des temps primaires sont eux-mêmes sortis d'un type collectif plus ancien et très nettement campodéiforme. Avec les plus savants entomologistes modernes, nous pensons que ce type primitif est assez bien représenté aujourd'hui par les Thysanoures.

A un point de vue particulier, et comme nous l'avons indiqué précédemment, l'un des groupes les plus intéressants est certainement celui des Méloides, qui présente, dans les différentes phases de la vie de ses larves, toutes les modifications que nous avons vues se dérouler en considérant l'ensemble des Coléoptères dans le cours des temps. Examinons, par exemple, le cas des *Epicauta*, si bien étudié par M. C. Riley[1].

Sous ses premiers états, le Triungulin, ou larve primitive des *Epicauta*, est nettement campodéiforme, et il ressemble très étroitement aux larves de certains Carabiques inférieurs (*Galerita*, *Harpalus*, etc.); l'existence de la seconde larve se partage en deux phases; dans la première, bien qu'il se soit déjà produit certaines différences dans la conformation de la bouche, la larve se rattache encore aux Carabiques, mais à des formes plus élevées (*Carabus*, *Calosoma*, etc.); dans la deuxième phase, la larve se tient immobile; elle a acquis la « forme grossière » des larves du Hanneton et des autres Lamellicornes. La métamorphose se poursuivant, la larve arrive à sa forme définitive; ses jambes s'atrophient, ainsi que les pièces de la bouche, et sous cet état elle peut être comparée aux larves charnues et apodes des Longicornes et des Curculionides.

Nous voyons alors, dit M. Packard, comment « *in the life-* « *history of a single species of beetle, change in habits or envi-* « *ronment, as well as in the food, induces change in the* « *form of the body ; and this series of changes in the* « *Meloidæ typiflies, the successive steps in the degradation of* « *form which characterize the series of Coleopterous larve from* « *the Carabidæ down to the Curculionidæ and Scolytidæ*[2]. »

Ainsi donc le changement dans les habitudes et dans le milieu, auxquel correspondent toujours des modifications dans la forme du corps ou de ses appendices, explique à la

1. C. V. Riley. — *First Report of the U. S. Entomol. Comm.*, pl. IV.
2. A.-S. Packard. — *Origin of the Coleoptera* (Third Rep. of the U. S. Entomol. Comm.), 1883, p. 302.

fois et les diverses transformations des Insectes et les différences que l'on observe entre les nombreuses formes
larvaires.

Pour résumer ces observations, conformément aux vues
de M. Riley, M. Packard établit alors un tableau où il
montre la concordance qui existe entre les différents stades
du développement des Méloides avec les principales
familles de Coléoptères. Voici ce tableau :

I. Stade primitif, triangulin.	Dans les *Meloe*, plus voisin des *Campodea* que dans les *Epirauta.*
	Méloides.
	Stylopides.
	Cicindélides.
II. Stade carabidoïde........	*Carabides, Dytiscides, Hydrophilides.*
	Silphides, Nitidulides, Dermestides, Coccinellides, etc.
	Elatérides, Lampyrides. Télephorides, Pyrochroides.
III. Stade scarabéidoïde......	*Histérides.*
	Scarabéides.
	Ptinides.
IV. Larve contractée, plus ou moins cylindrique et apode.	*Cérambycides.*
	Ténébrionides.
	Mordellides.
	Curculionides.
	Scolytides.

Ce tableau ne doit aucunement être pris à la lettre ; il
sert seulement à montrer comment les métamorphoses
d'une espèce résument, pour ainsi dire, et dans un espace
de temps très court, les transformations qu'a dû subir
l'ordre tout entier dans la série des temps géologiques.

Quoique le plus ancien Coléoptère connu appartienne,
comme nous l'avons vu, à l'époque carbonifère et soit un

Curculionide, il ne nous a point paru impossible d'admettre qu'un type collectif plus simple ne se soit formé, dans les époques antérieures, et de fait ce prototype des *Forficulides* et des *Neurorthoptères* a existé, ainsi qu'en attestent les intéressantes découvertes de MM. Fayol et Charles

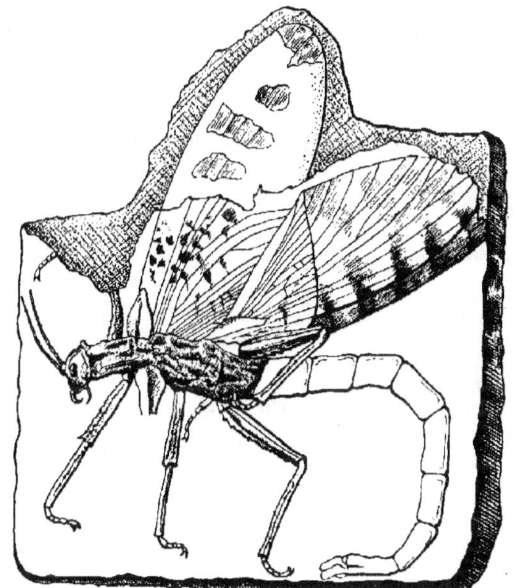

Fig. 18. — *Protophasma Dumasi* Ch. Brong. 1/3 grand. nat., Terrain houiller de Commentry, Allier. (D'après M. Charles Brongniart.)

Brongniart dans les couches de Commentry ; il me suffira de citer le curieux *Protophasma Dumasi* (Fig. 18), qui possède les ailes d'un Névroptère et le corps d'un Orthoptère[1].

1. M. Charles Brongniart a bien voulu m'accorder l'autorisation de reproduire ici ce remarquable insecte, qu'il a le premier fait connaître en 1878.

Cette antiquité, parfaitement établie du groupe neurorthoptérique, explique encore pourquoi certaines larves de Coléoptères présentent de si grandes affinités avec celles des Névroptères proprement dits ; telles sont, par exemple, celles des Gyrinides, qui rappellent de si près la forme larvaire des *Corydalus* et des autres Sialides.

Le diagramme suivant, encore emprunté à M. Packard, met parfaitement en évidence cette curieuse parenté.

Généalogie des Insectes[1].

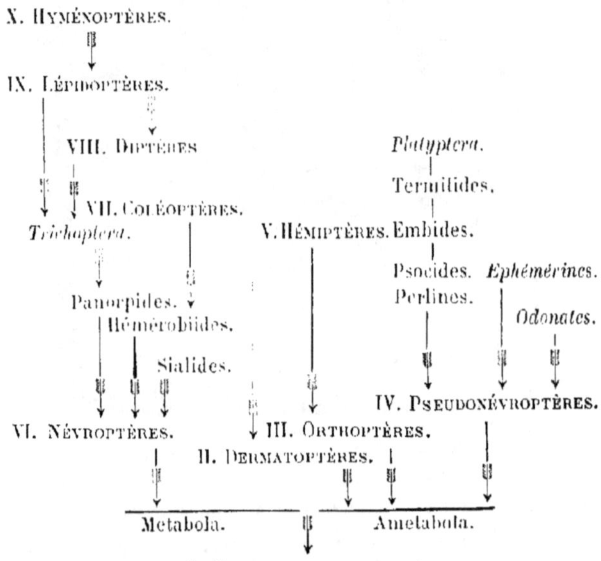

1. A.-S. Packard. — *Genealogy of the Hexopoda* (Third Rep.), 1883, p. 295.

Théorie de la nymphe

Il est maintenant un point intéressant, dans les métamorphoses des Insectes, qui ne laisse pas que d'être fort embarrassant à expliquer : c'est le cas de nymphe immobile. Que signifie cette période de vie ralentie entre deux étapes de l'existence d'un même animal? Pourquoi cette espèce de mort apparente suivie d'un réveil avec des changements quelquefois si profonds?

Bien des auteurs ont cherché à éclaircir ce sujet; la divergence de leurs opinions montre assez qu'on n'a aucune connaissance positive sur ce passage généralement très rapide de la larve à la nymphe et de celle-ci à l'Insecte parfait.

Cependant une théorie m'a séduit plus que toutes les autres par sa simplicité; bien qu'elle n'entre pas dans le détail des faits, elle m'a paru donner une idée fort précise de la véritable raison d'être de ce phénomène, c'est la théorie qu'a développée M. Giard, dans sa remarquable étude des « Principes biologiques[1] ». Je vais essayer de la résumer brièvement.

« Tout animal, dit le savant professeur de la Faculté des « sciences de Paris, est soumis, dans le cours de son déve- « loppement, à l'action simultanée de deux ensembles de « forces, les unes extérieures, dues aux conditions étholo- « giques, les autres intérieures, ataviques, qui représentent « évidemment la somme algébrique des propriétés trans- « mises par les ancêtres.

1. A. Giard. — *Les faux principes biologiques et leurs conséquences en axonomie* (*Rev. scientifique*, 5ᵉ ann., n° 28), p. 281.

« Si, à un moment donné, la résultante des forces exté-
« rieures l'emporte sur celle des forces intérieures, il y
« aura chez l'embryon des modifications profondes, tendant
« à adapter, le plus possible, l'espèce à ces conditions
« extérieures ; ce sera le cas de génération alternante, si la
« perturbation est assez longue pour permettre à l'animal
« de se reproduire sous cette forme larvaire, passagèrement
« détournée de sa route phylogénique.

« Dans le cas où les forces ataviques l'emportent cons-
« tamment sur les forces extérieures, il y a condensation et
« abréviation de l'embryogénie, ou, comme on dit souvent,
« absence de métamorphoses, et l'Insecte parfait diffère
« peu de la larve, ce qui se conçoit.

« Enfin, lorsque la résultante des forces extérieures fait
« seulement équilibre à la résultante des forces intérieures,
« il y a arrêt momentané du développement tant que cet
« équilibre persiste, comme *dans le cas de nymphe immobile*
« *chez les Insectes.*

« Ce cas, où les forces extérieures et intérieures se font
« équilibre, est, en général, de courte durée ; les forces ata-
« viques reprennent le dessus et l'Insecte parfait apparaît
« avec tous les caractères de ses ancêtres, malgré la direc-
« tion différente, momentanément imprimée à la larve par
« la vie parasitaire. »

Ce sont là des vues extrêmement remarquables et d'une
très haute portée philosophique ; c'est pourquoi je n'ai pas
résisté au désir de les exposer ici, tant pour rendre hommage à la science étendue de l'auteur que pour attirer, s'il
est possible, l'attention des naturalistes sur l'un des points
les plus intéressants de la biologie des Insectes.

CHAPITRE VIII

Résumé général et conclusions.

De ce qui précède et de l'ensemble des faits exposés dans les chapitres précédents, il résulte évidemment que la forme d'une larve donnée dépend tout d'abord du groupe d'Insectes auquel elle appartient, mais que cette larve subit grandement l'influence des conditions extérieures auxquelles elle se trouve soumise. Ces influences, n'ayant trait qu'aux besoins de son existence actuelle, ne troublent que passagèrement la ligne d'évolution qu'elle suit, de sorte qu'elle y revient toujours, comme un corps pesant revient à sa position d'équilibre stable, lorsqu'il en a été accidentellement écarté.

Les conditions extérieures ayant agi différemment sur les divers groupes de Coléoptères, ont été cause des différences que nous rencontrons chez les larves, depuis celles qui sont le plus parfaitement campodéiformes jusqu'à celles qui présentent le caractère *éruciforme* le plus accentué.

Toutes les larves de Coléoptères ont été rapportées par Mac Leay à six types principaux, qui correspondent, à bien peu de chose près, aux séries que nous avons établies pages 90 et suivantes.

Voici les groupements de Mac Leay, également adoptés par S. J. Lubbock[1].

1ᵉʳ Type. — Larves hexapodes et antennifères, de forme

---

1. J. Lubbock. — *De l'origine et des métamorphoses des insectes*, 1880. p. 24 (trad. Grolous).

ovale et munies d'appendices caudaux. (*Série Ténébrio-nienne. Fig. 5.*)

2ᶜ Type. — Larves hexapodes et antennifères, à corps allongé, munies d'appendices articulés; la tête porte 3-6 ocelles de chaque côté. (*Série Brévipenne. Fig. 8.*)

3ᵉ Type. — Larves hexapodes, carnassières, à corps allongé et plus ou moins aplati; 1-6 ocelles de chaque côté de la tête. (*Série Carabidienne et Malacodermique. Fig. 9 et 14.*)

4ᵉ Type. — Larves hexapodes et antennifères, carnassières ou phytophages; corps en forme d'œuf, élargi au niveau des segments médians. (*Série Clavicérienne. Fig. 11 et 12.*)

5ᵉ Type. — Larves hexapodes et parasites, vivant au milieu des tissus végétaux: corps charnu, cylindrique et légèrement courbé, ce qui les oblige à se tenir sur le côté. (*Série Scarabéïdienne. Fig. 15.*)

6ᵉ Type. — Larves apodes, semblables aux pupes des Hyménoptères, ayant à peine des rudiments d'antennes (*Série Curculionienne. Fig. 14* **h.**)

Les types 1-2-3 et 4, comprennent l'ensemble des larves *campodéiformes;* au contraire les types 5 et 6 ne contiennent que des larves *éruciformes.*

J'ai été obligé, comme je l'ai dit page 89, d'établir pour mon usage personnel un système de classification des Coléoptères qui puisse répondre à l'ensemble des faits, tels que je viens de les exposer. Cette classification concorde, par bien des points, avec celles qui ont été établies avant moi; cependant, dans certains cas, j'ai donné à différents groupes une valeur plus générale que celle qui leur est ordinairement attribuée; c'est ainsi que les Silphales comprennent, pour moi, les Clambides, les Anisotomides, les Nécrophorides et même les Histérides. Sous le nom de Cryptophagides, je réunis les Tritomides, les Mycæténides, les Telmatophilinides, une partie des Lathriides et les Monotomides[1].

Alors, afin de permettre aux entomologistes qui voudront bien s'en donner la peine de vérifier ces considérations, ou même de les rectifier, je place en regard des familles, telles que je les comprends, les groupes établis par Lacordaire dans son *Genera*.

Série Ténébrionienne.

1. Strepsiptères.....	*Stylopides*[2].
2. Rhipiphorides.....	»
3. Méloides..........	»
4. Mordellides.......	»
5. Œdémérides......	»
6. Pyrochroides......	*Pyrochroides.* / *Anthicides.*
7. Lagriides.........	»
8. Mélandryides......	*Mélandryides.* / *Pythides.*
9. Cistélides........	*Alléculides.*
10. Ténébrionides.....	*Pimélides.* / *Bolitophagides.* / *Diapérides.* / *Ulomides.* / *Ténébrionides.* / *Hélopides.*

---

1. S'il m'est arrivé bien des fois, dans le cours des développements qui précèdent, d'employer des noms de famille avec une valeur autre que celle qui leur est attribuée ici, c'est que cela était nécessaire pour la clarté des définitions et l'intelligence des faits exposés.

2. La colonne de droite comprend les groupes de Lacordaire.

Série Prionienne.

1. Tricténotomides... »

2. Longicornes...... { *Lepturiens.*
Cérambyciens.
Prioniens.
Lamiens.

3. Buprestides....... { *Buprestides.*
Eucnémides.

Série Troncatipenne.

1. Platypsyllides..... »

2. Silphales......... *Clambides.*
Anisotomides.
Silphides.
Nécrophorides.
Histérides.

3. Trichoptérygiens.. *Scaphidiides.*
Trichoptérygides.
Corylophydes.

4. Psélaphides....... *Scydménides.*
Clavigérides.
Psélaphides.

5. Staphylinides..... *Micropéplides.*
Piestides.
Phlæocharides.
Protinides.
Homalides.
Coprophilides.
Oxytélides.
Oxyporides.
Sténides.
Pædérides.
Xantholinides.
Staphylinides.
Tachyporides.
Aléocharides.

6. Paussides......... *Paussides.*

Série Carabidienne.

1. Cicindélides.......   »
2. Carabides.........   »
3. Amphizoides......   »
4. Dytiscides.........   { *Haliplides.* / *Hydroporides.* / *Dytiscides.* }

Série Clavicérienne.

1. Cucujides.... ....   { *Cucujides.* / *Colydiides.* }
2. Nitidulides........   { *Nitidulides.* / *Trogositides.* }
3. Cryptophagides....   { *Tritomides.* / *Cryptophagides.* / *Mycétænides.* / *Telmatophilinides.* / *Lathriides.* / *Monotomides.* }
4. Dermestides......   »
5. Byrrhides.........   { *Byrrhides.* / *Cistélides.* }
6. Géoryssides.......   »
7. Hétérocérides.....   { *Elmides.* / *Parnides.* / *Hétérocérides.* }
8. Hydrophilides.....   »
9. Gyrinides.........   »
10. Coccinellides.....   { *Érotylides.* / *Endomychides.* / *Coccinellides.* }
11. Chrysomélides....   »

Série Malacodermique.

Larves campodéiformes.	1. Lymexylonides....	*Lymexylones.* *Clérides.*
	2. Malacodermes....	*Dasytiens.* *Malachiens.* *Télephoriens.* *Driliens.*
	3. Dascyllides.......	»
Larves partiellement éruciformes.	4. Rhipicérides......	»
	5. Cébrionides......	»
	6. Élatérides........	»
Larves éruciformes.	7. Ptinides..........	*Ptinides.* *Anobiides.* *Sphindides.*
	8. Bostrichides......	*Lyctides.* *Bostrichides.* *Cissides.*

Série Curculionienne.

1. Orthocères........	*Bruchides.* *Anthribides.* *Rhynchitides.* *Apionides.*
2. Goniatocères......	*Scolytides.* *Brenthides.* *Tout le reste des Curculionides.*

Série Scarabéidienne.

1. Lamellicornes.....	*Pectinicornes.* *Lamellicornes.*

Nous croyons avoir suffisamment démontré, aussi bien par les nombreuses relations de parenté reconnues avant nous et rappelées en leur lieu que par les vues nouvelles apportées dans cette question, que l'ensemble des Coléo-

ptères paraît avoir son point de départ dans les Hétéromères du groupe des Vésicants.

Quelques familles ont conservé avec ce groupe ancestral
des rapports très étroits, nettement accusés par leurs larves,
mais aussi très souvent conservés jusque chez les insectes
parfaits.

On connaît, par exemple, un Staphylinide, le *Spirachta
Eurymedusa*, dont l'abdomen porte trois paires d'appendices articulés, analogues à ceux que nous avons signalés
chez le *Campodea fragilis*. Ce fait est extrêmement remarquable ; il confirme absolument l'infériorité phylogénique
des Brévipennes, telle que nous l'avons admise par d'autres considérations.

Les caractères fournis par le système nerveux, remontant
à une très haute antiquité, puisqu'ils sont déjà indiqués
dans les larves, peuvent aussi nous fournir d'utiles renseignements[1]. La disposition la plus simple, consistant en une
chaîne ventrale, s'étendant jusqu'à l'extrémité de l'abdomen, se rencontre chez les Coléoptères carnassiers, Carabides, Staphylinides, etc. ; une concentration déjà très
avancée s'observe chez certains phytophages, Lamellicornes ;
mais l'exemple le plus accentué se trouve chez les larves
des Curculionides (*Calandra*), où les onze ganglions, qui
composent la chaîne ventrale, forment un noyau serré,
placé dans le premier segment thoracique.

Par conséquent, de quelque manière que nous envisa-
gions la question, nous arrivons toujours à cette conclusion
que, partout où elle se rencontre, la larve campodéiforme

---

1. E. Blanchard : *Du système nerveux des Insectes. — Mémoire sur les
Coléoptères*. (Ann. Sc. nat., t. V, 1846.)

caractérise un type archaïque ; la larve éruciforme , au contraire, se rapportant à des types plus différenciés.

Nous admettons donc que les Coléoptères descendent d'ancêtres analogues aux Campodés actuels; ceux-ci provenant eux-mêmes, d'après S. J. Lubbock, d'un type plus simple, assez bien représenté aujourd'hui par le genre *Macrobiotus*, ce qui permet de faire remonter leur origine jusqu'aux formes annelées du groupe des Rotateurs.

Arrivé au terme que je me suis proposé d'atteindre et bien que cette étude soit encore incomplète, il me reste maintenant à remercier les savants naturalistes qui m'ont aidé de leur expérience ou de leurs conseils.

J'ai une obligation toute particulière envers M. A. Giard, professeur d'Évolution des êtres organisés à la Sorbonne, qui m'a donné la première idée de ce travail et qui a bien voulu en suivre les développements; qu'il me permette de lui adresser ici l'expression de ma plus vive reconnaissance. M. Charles Brongniart, assistant de la chaire d'entomologie au Muséum de Paris, m'a également fourni des documents paléontologiques du plus grand intérêt; qu'il veuille bien recevoir mes remerciments les plus sincères.

Dans ces recherches sur la phylogénie des insectes, dont la bibliographie est si compliquée, il est excessivement difficile de connaître et d'analyser tous les travaux; si j'ai omis de citer quelques remarques intéressantes, que les auteurs veuillent bien m'en excuser, c'est qu'il m'a été impossible de me procurer leurs ouvrages.

Parmi les travaux les plus importants parus sur ce sujet, à l'étranger, dans ces derniers temps, se placent évidemment au premier rang ceux de M. A.-S. Packard, professeur de

Zoologie à l'Université de Providence, et ceux de M. le
Dr C. Riley, administrateur honoraire du Département des
Insectes au Muséum de Washington. Ces messieurs m'ayant
obligeamment adressé leurs ouvrages et leurs encourage-
ments, je suis heureux de les en remercier ici et de leur
exprimer tout le plaisir que j'ai trouvé à la lecture de leurs
savantes publications.

Enfin, j'adresse également tous mes remerciements à
mon collègue et ami, M. le docteur W. Russell, qui a bien
voulu accorder à ces pages l'hospitalité du *Bulletin des
Sciences naturelles*.

FIN

TABLE DES MATIÈRES

IMPRIMERIE E. CAPIOMONT ET Cⁱᵉ

PARIS

6, RUE DES POITEVINS, 6

(Ancien Hôtel de Thou)

www.ingramcontent.com/pod-product-compliance
Lightning Source LLC
LaVergne TN
LVHW021722170726
843503LV00004B/1373